大家小筑

山门考 独乐寺观音阁 蓟县

U0250704

梁思成——著

五洲传播出版社
China Intercontinental Press

图书在版编目（CIP）数据

蓟县独乐寺观音阁山门考 / 梁思成著. -- 北京 : 五洲传播
出版社, 2024.5

ISBN 978-7-5085-5190-6

Ⅰ.①蓟… Ⅱ.①梁… Ⅲ.①寺庙—古建筑—研究—蓟县
Ⅳ.①TU-87

中国国家版本馆CIP数据核字(2024)第056780号

作　　者	梁思成
出 版 人	关　宏
责任编辑	梁　媛
装帧设计	红方众文　朱丽娜
出版发行	五洲传播出版社
地　　址	北京市海淀区北三环中路31号生产力大楼B座6层
邮　　编	100088
发行电话	010-82005927，010-82007837
网　　址	http://www.cicc.org.cn，http://www.thatsbooks.com
印　　刷	天津裕同印刷有限公司
版　　次	2024年5月第1版第1次印刷
开　　本	889mm×1194mm　1/32
印　　张	4.5
字　　数	120千
定　　价	49.80元

目录

1　前言

发现独乐寺

001　绪言

007　总论

017　寺史

027　现状

037　山门

065　观音阁

117　今后之保护

121　附文

122　蓟县观音寺白塔记

130　独乐寺大悲阁记

132　修独乐寺记

插图目录

蓟县独乐寺观音阁山门考

卷首图一　独乐寺山门、观音阁平面图 002
卷首图二　蓟县独乐寺观音阁水彩渲染图 010
卷首图三　观音阁西立面图－L1 010
卷首图三　观音阁平面及断面图 011
卷首图四　观音阁横断面图 012
卷首图五　观音阁纵断面图 012
卷首图六　山门立面图 014
卷首图七　山门横断面及纵断面图 015
卷首图八　山门横断面及平面图 016
第一图　蓟州城图 018
第二十三图　敦煌壁画净土图 024
第二图　独乐寺平面图 028
第三图　山门 030
第四图　远望观音阁 031
第五图　韦陀铜像 031
第六图　后殿前香炉及梁思成 032
第七图　铁钟 032
第八图　东院座落正厅 035
第九图　独乐寺山门北面 039
第十图　山门柱头铺作及补间铺作 040
第十一图　山门柱头铺作侧样 040
第十二图　山门转角铺作并补间铺作后尾 043
第十三图　西安大雁塔门楣石柱头铺作 045
第十四图　山门转角铺作 046
第十五图　山门补间铺作侧样 048
第十六图　山门大梁杝橑 053
第十七图　山门侏儒柱 053
第十八图　山门脊槫与侏儒柱并内檐补间铺作 054
第十九图　山门鸱吻 059
第二十图　山门东间天王塑像、西间天王塑像 060

第二十一图 山门西壁天王画像 061

第二十二图 山门匾 062

第二十三图 敦煌壁画净土图 067

第二十四图 观音阁南面 067

第二十五图 观音阁二、三层平面图 069

第二十六图 观音阁暗层内柱头 073

第二十七图 观音阁下层外檐柱头及补间铺作 075

第二十八图 观音阁下层外柱头铺作侧样 075

第二十九图 观音阁下层外檐柱头铺作之替木 076

第三十图 观音阁下层外檐柱头铺作及转角铺作后尾 076

第三十一图 观音阁下层外檐转角铺作及柱头铺作 078

第三十二图 观音阁西面各层斗栱 079

第三十三图 观音阁下层内檐平坐铺作 081

第三十四图 观音阁下层内檐平坐柱头铺作侧样 081

第三十五图 观音阁外檐平坐柱头铺作侧样 084

第三十六图 观音阁外檐平坐山面补间铺作侧样 084

第三十七图 观音阁中层内檐柱头斗栱 086

第三十八图 观音阁中层内檐次间补间铺作及转角铺作 087

第三十九图 观音阁中层内檐当心间补间铺作后尾 088

第四十图 观音阁中层内檐次间补间铺作后尾 088

第四十一图 观音阁中层内檐抹角补间铺作 089

第四十二图 观音阁上层外檐柱头铺作及补间铺作 091

第四十三图 观音阁上层外檐柱头铺作侧样 091

第四十四图 观音阁上层外檐转角铺作栌斗上各栱 093

第四十五图 观音阁上层内外檐柱头及补间铺作后尾 094

第四十六图 观音阁上层内檐斗栱 094

第四十七图 观音阁上层内檐北面柱头及当心间补间铺作 096

第四十八图 日本奈良兴福寺北圆堂内天花 097

第四十九图 观音阁五架梁荷载图：(a)静荷载；(b)活荷载 098

第五十图 辽、宋、清梁横断面比较 102

第五十一图 观音阁中层内部斜柱 103

第五十二图 观音阁两际结构 108

第五十三图 观音阁瓦饰 108

第五十四图 观音阁上层外墙结构 110

第五十五图 观音阁中层内栏杆并下层内檐铺作 110

第五十六图 观音阁上层内勾栏束腰纹样 111

第五十七图 观音阁上层梯口 113

第五十八图 观音阁楼梯详样 113

第五十九图 十一面观音像 114

第六十图 东面侍立菩萨像 114

第六十一图 观音阁须弥座供桌详图 115

第六十二图 观音阁阁匾 116

蓟县观音阁白塔记

第一图 观音寺白塔全景 123

第二图 塔南面 126

第三图 塔东北面 126

第四图 塔前经幢 129

前　言

发现独乐寺

"吾民族之文化进展，其一部分寄之于建筑，建筑于吾人最密切，自有建筑，而后有社会组织，而后有声名文物 …… 总之研求营造学，非通全部文化史不可，而欲通文化史，非研求实质之营造不可。"

——朱启钤《中国营造学社开会演讲词》

　　1929 年，朱启钤先生创办中国营造学会，次年更名为"中国营造学社"。这是近代第一个研究中国古建筑的学术机构，主要从事古代建筑实例的调查、研究和测绘，以及文献资料搜集、整理和研究。以梁思成、林徽因、刘敦桢等为代表的学社成员，更是开启了一场长达 16 年的中国古建筑田野调查工作，搜集到了大量珍贵数据，为中国古代建筑史研究作出了重大贡献。

1931 年，梁思成加入中国营造学社，被任命为法式部主任，主要负责《营造法式》的破译工作，利用当今科学方法解读《营造法式》，书写中国建筑史。

梁思成进入学社工作后，朱启钤将多年来收集到的资料交由其研究学习。于是，梁思成开始对北平（今北京）及周边的建筑实物进行调查、测绘。同时以匠为师（木匠杨文起和彩画匠祖鹤州等），完成了对明、清时期建筑的初步解读。1932 年，梁思成撰写了《清式营造则例》一书，于 1934 年出版，至今仍是研究清代建筑的入门读物。

梁思成暂且完成了明、清时期建筑的研究，但遗憾的是，对《营造法式》的困惑依然存在。梁思成曾言："近代学者治学之首，首重证据。"因此找寻在中国大地上与《营造法式》同时期的建筑，便尤为迫切。外出调查、寻找到比明、清时期更加古老的建筑，成了梁思成的"心病"。

机会永远留给有准备的人。两则消息的到来，彻底坚定了梁思成外出调查的决心。

一、日本学者常盘大定、关野贞在河北蓟县（今天津蓟州区）城内发现一座古代寺庙，应为明、清之前的建筑。朱启钤得知此事后，告知了梁思成，希望梁思成过去看看。

二、好友杨廷宝告诉梁思成，他在鼓楼穹顶下看到了一幅古怪的寺庙照片，照片的下方写着"蓟县独乐寺"，同时向梁思成介绍了照片上建筑的大斗拱，梁思成得知后兴奋地说："你看到这张照片非常走运。"

1931年秋，正当梁思成一行数人准备前往蓟县时，受"九一八事变"影响，天津局势动荡，且通往蓟县的道路被大水淹没。直到1932年4月，才得以成行，由此开启了中国建筑史学的一段传奇。随行人员有学社成员邵力工、梁思成的弟弟梁思达。经过了一天的跋涉，梁思成一行人终于乘着夕阳的余辉，来到这座当时极为闭塞的、被群山环抱的秀美山城——蓟县。

对于这段新奇的经历，弟弟梁思达在多年后，依然清晰记得："二哥去蓟县测绘独乐寺时，我参加了。记得是在1932年南大放春假期间，二哥问我愿不愿一起去蓟县走一趟，我非常高兴地随他一起去了……从北京出发的那天，天还没亮，大家都来到东直门外长途汽车站，挤上了已塞得很满的车厢，车顶上捆扎着不少行李物件，那时的道路大都是铺垫着碎石子的土公路，缺少像样的桥梁，当穿过遍布鹅卵石和细沙的旱河时，行车艰难，乘客还得下车步行一段，遇到泥泞的地方，还得大家下来推车。"这段路程虽费时一天，但行程却不足90公里，这次的经历也成为了他们一生中难忘的一次"旅行"。

独乐寺的发现称得上是中国建筑史学真正意义上的开端，此次的调查、测绘，使梁思成开始真正读懂《营造法式》这本"天书"。这部"天书"里诸多的名词、术语，近十年的困惑一朝得真解，着实令梁思成兴奋不已。同时，也为中国建筑调查、测绘和研究的事业拉开了帷幕。

多年后，从梁思成的《营造法式注释》一书中，读者依然能感受到他当时激动的心情。

"在这两座辽代建筑中，我却为《法式》的若干疑问找到了答案。例如，斗栱的一种组合方法——'偷心'，斗栱上的一种构件——'替木'，一种左右相连的栱——'鸳鸯交手栱'，柱的一种处理手法——'角柱升起'，等等，都是明、清建筑中所没有而《法式》中言之凿凿的，在这里却第一次看到，顿然'开了窍'了。"

梁思成第一次野外考察，便得到了如此大的收获，使他坚信在中国的大地上，一定还存在更加古老的建筑。此后的 15 年间，他们辗转 15 个省 200 多个县市，实地考察测绘了 2700 多处古建筑，为我国文物保护事业和研究中国建筑体系打下了坚实的基础。

1932 年 6 月，梁思成首次在《中国营造学社汇刊》上发表了《蓟县独乐寺观音阁山门考》。作为第一篇系统而全面介绍独乐寺历史与建筑艺术价值的论著，《蓟县独乐寺观音阁山门考》已成为研究中国建筑的学术典范。本次抽印刊行再版，以飨广大读者。

营造文库

〔绪 言〕

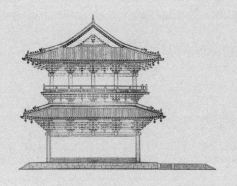

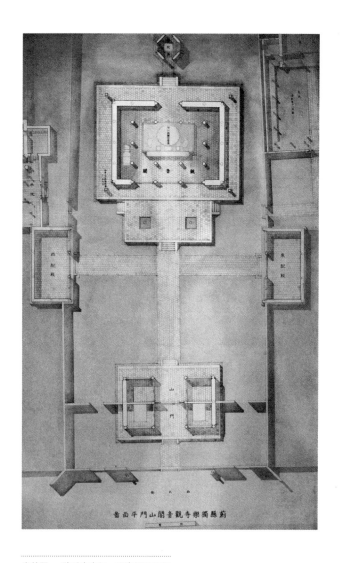

蓟縣獨樂寺觀音閣山門平面圖

卷首图一 独乐寺山门、观音阁平面图

近代学者治学之道，首重证据，以实物为理论之后盾，俗谚所谓"百闻不如一见"，适合科学方法。艺术之鉴赏，就造型美术言，尤须重"见"。读跋千篇，不如得原画一瞥，义固至显。秉斯旨以研究建筑，始庶几得其门径。

我国古代建筑，征之文献，所见颇多，《周礼·考工》《阿房宫赋》《两都》《两京》，以至《洛阳伽蓝记》等等，固记载详尽，然吾侪所得，则隐约之印象，及美丽之辞藻，调谐之音节耳。明清学者，虽有较专门之著述，如萧氏《元故宫遗录》，及类书中宫室建置之辑录，然亦不过无数殿宇名称，修广尺寸，及"东西南北"等字，以标示其位置，盖皆"闻"之属也。读者虽读破万卷，于建筑物之真正印象，绝不能有所得，犹熟诵《史记》"隆准而龙颜，美须髯；左股有七十二黑子"，遇刘邦于途，而不之识也。

造型美术之研究，尤重斯旨，故研究古建筑，非作遗物之实地调查测绘不可。

我国建筑，向以木料为主要材料。其法以木为构架，辅以墙壁，如人身之有骨节，而附皮肉。其全部结构，遂成一种有机的结合。然木之为物，易朽易焚，于建筑材料中，归于"非永久材料"之列，较之铁石，其寿殊短；用为构架，一旦焚朽，则全部建筑，将一无所存，此古木建筑之所以罕而贵也。然若环境适宜，保护得法，则千余年寿命，固未尝为不可能。去岁西北科学考察团自新疆归来，得汉代木简无数，率皆两千年物，墨迹斑斓，纹质如新。固因沙漠干燥，得以保存至今；然亦足以证明木寿之长也。

至于木建筑遗例，最古者当推日本奈良法隆寺飞鸟期诸堂塔，盖建于我隋代，距今已千三百载[1]。然日本气候湿润，并非特宜于木建筑之保存，其所以保存至今日者，实因日本内战较少，即使有之，其破坏亦不甚烈，且其历来当道，对于古物尤知爱护，故保存亦较多。至于我国，历朝更迭，变乱频仍。项羽入关而"咸阳宫室火三月不灭"，两千年来革命元勋，莫不效法项王，以逞威风，破坏殊甚。在此种情形之下，古建筑之得幸免者，能有几何？故近来中外学者所发现诸遗物中，其最古者寿亦不过八百九十余岁[2]，未尽木寿之长也。

蓟县独乐寺观音阁及山门，皆辽圣宗统和二年重建，去今（民国二十一年）已九百四十八年，盖我国木建筑中已发现之最古者。以时代论，则上承唐代遗风，下启宋式营造，实研究我

....

1) 此为 20 世纪 30 年代日本学界的说法。近年日本学界已公认法隆寺虽为公元 607 年圣德太子创建，但在公元 670 年焚毁，公元 680 年以后在原址西北重建，约公元 710 年建成，即现存的法隆寺西院中门、塔、堂、回廊等建筑。但再建的法隆寺西院仍保持飞鸟时代的风格特点，也仍是现存世界上最古的木构建筑。——傅熹年注
2) 山西大同下华严寺薄伽教藏殿，建于辽兴宗重熙七年（公元 1038 年）（作者注）。当时中国营造学社刚开始进行古建筑调查，尚未积累足够的史料，故多参考日本学者的调查资料，如日本常盘大定、关野贞等的著作《支那佛教史迹》等，薄伽教藏殿是其中有确切纪年之例，故引用之。之后随着营造学社工作的开展，发现了一些更古老的建筑，最后形成一个有纪年的木建筑排序目录。薄伽教藏殿现在的年代排序是第十五名。
——傅熹年注

国建筑蜕变上重要资料，罕有之宝物也。

翻阅方志，常见辽宋金元建造之记载；适又传闻阁之存在，且偶得见其照片，一望而知其为宋元以前物。平蓟间长途汽车每日通行，交通尚称便利。二十年秋，遂有赴蓟计划。行装甫竣，津变爆发，遂作罢。至二十一年四月，始克成行。实地研究，登檐攀顶，逐步测量，速写摄影，以纪各部特征。

归来整理，为寺史之考证，结构之分析及制度之鉴别。后二者之研究方法，在现状图之绘制；与唐、宋（《营造法式》），明、清（《工程做法则例》）制度之比较；及原状图之臆造。（至于所用名辞，因清名之不合用，故概用宋名，而将清名附注其下）。计得五章，首为总论，将寺阁主要特征，先提纲领。次为寺史及现状。最后将观音阁山门作结构及制度之分析。

除观音阁、山门外，更得观音寺辽塔一座，附刊于后。

此次旅行，蒙清华大学工程学系教授施嘉炀先生[1]惠借仪器多种，蓟县王子明先生及蓟县乡村师范学校校长刘博泉，教员王慕如、梁伯融，工会杨雅园诸先生多方赞助，与以种种便利。而社员邵力工、舍弟梁思达同行，不唯沿途受尽艰苦，且攀梁登顶，不辞危险，尤为难能。归来研究，得内子林徽音在考证

1) 施嘉炀，1902 年出生，早年赴美留学，回国后在清华大学土木系任教，是清华大学土木系第一任系主任，20 世纪 40 年代任清华工学院院长，现为清华水利系一级教授，已退体。曾长期任水利学会、水利工程学会理事长。——傅熹年注

及分析上，不辞劳，不惮烦，与以协作；又蒙清华大学工程教授蔡方荫先生[1]在比较计算上与以指示，始得此结果。而此次调查旅行之可能，厥为社长朱先生[2]之鼓励及指导是赖，微先生之力不及此，尤思成所至感者也。

1) 蔡方荫（1901-1963），江西省南昌人，1925年毕业于清华学堂。同年考入美国麻省理工学院研究生。获硕士学位后，任美国迪·亨德森事务所顾问工程师。1930年回国后，历任东北大学、清华大学、西南联大、江西中正大学、省工专教授、系主任、院长等。新中国成立后任南昌大学校委会副主任，中科院学部委员，重工业部顾问工程师，建工部建筑科学研究院副院长兼总工程师等。——傅熹年注
2) 朱启钤（1872-1964），字桂辛，贵州紫江人，历任京师大学堂充译学馆监督，辛亥革命后历任交通总长、内务总长、代理国务总理。退休后，于1929年发起组织中国营造学社，任社长，聘梁思成、刘敦桢分任法式部主任、文献部主任，从事中国古代建筑的调查研究，影响深远。新中国成立后历任中央文史馆馆员，第二、三届全国政协委员。——傅熹年注

〔总论〕

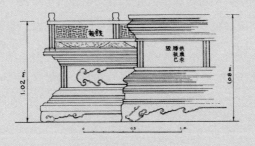

独乐寺观音阁及山门，在我国已发现之古木建筑中，固称最古，且其在建筑史上之地位，尤为重要。统和二年为宋太宗之雍熙元年，北宋建国之第二十四年耳。上距唐亡仅七十七年，唐代文艺之遗风，尚未全靡；而下距《营造法式》之刊行尚有百十六年。《营造法式》实宋代建筑制度完整之记载，而又得幸存至今日者。观音阁、山门，其年代及形制，皆适处唐、宋二式之中，实为唐、宋间建筑形制蜕变之关键，至为重要。谓为唐、宋间式之过渡式样可也。

独乐寺伽蓝之布置，今已无考。隋、唐之制，率皆寺分数院，周绕回廊[1]。今观音阁、山门之间，已无直接联络部分；阁前配殿，亦非原物，后部殿宇，更无可观。自经乾隆重修，建筑坐落于东院，寺之规模，更完全更改，原有布置，毫无痕迹。原物之尚存者惟阁及山门。

观音阁及山门最大之特征，而在形制上最重要之点，则为其与敦煌壁画中所见唐代建筑之相似也。壁画所见殿阁，或单层或重层，檐出如翼，斗栱雄大。而阁及门所呈现象，与清式建筑固迥然不同，与宋式亦大异，而与唐式则极相似。熟悉敦煌壁画中净土图（第二十三图）者，若骤见此阁，必疑身之已入西方极乐世界矣。

---

1) 参阅拙著《我们所知道的唐代佛寺和宫殿》。——作者注（以下若无特殊说明，均为作者注）

其外观之所以如是者，非故仿唐形，乃结构制度，仍属唐式之自然结果。而其结构上最重要部分，则木质之构架——建筑之骨干——是也。

其构架约略可分为三大部分：柱，斗栱，及梁枋。

观音阁之柱，权衡颇肥短，较清式所呈现象更为稳固。山门柱径亦如阁，然较阁柱犹短。至于阁之上中二层，柱虽更短，而径不改，故知其长与径，不相牵制，不若清式之有一定比例。此外柱头削作圆形（第二十六图），柱身微侧向内，皆为可注意之特征。

斗栱者，中国建筑所特有之结构制度也。其功用在梁枋等与柱间之过渡及联络，盖以结构部分而富有装饰性者。其在中国建筑上所占之地位，犹柱式（Order）之于希腊、罗马建筑；斗栱之变化，谓为中国建筑制度之变化，亦未尝不可，犹柱式之影响欧洲建筑，至为重大。

唐、宋建筑之斗栱以结构为主要功用，雄大坚实，庄严不苟。明清以后，斗栱渐失其原来功用，日趋弱小纤巧，每每数十攒排列檐下，几成纯粹装饰品，其退化程度已陷井底，不复能下矣。

观音阁、山门之斗栱，高约柱高一半以上，全高三分之一，较之清式斗栱——合柱高四分或五分之一，全高六分之一者，其轻重自可不言而喻。而其结构，与清式、宋式皆不同；而种别之多，尤为后世所不见。盖古之用斗栱，辄视其机能而异其

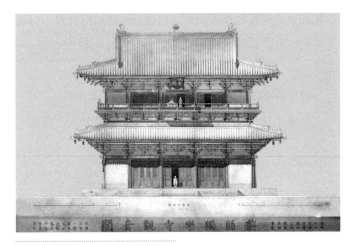

卷首图二 蓟县独乐寺观音阁水彩渲染图

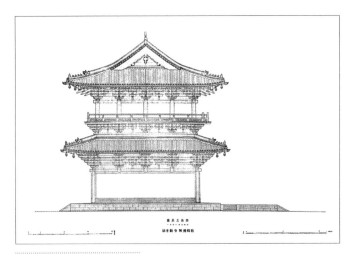

卷首图三 观音阁西立面图 –L1

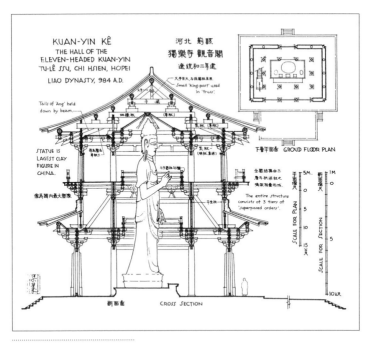

卷首图三 观音阁平面及断面图

形制，其结构实为一种有机、有理的结合。如观音阁斗栱，或承檐，或承平坐，或承梁枋，或在柱头，或转角，或补间，内外上下，各各不同 [1]，条理井然。各攒斗栱，皆可作建筑逻辑之

---

[1] 楼阁外周之露台，古称"平坐"。斗栱之在屋角者为"转角辅作"，在柱与柱之间者为"补间辅作"。

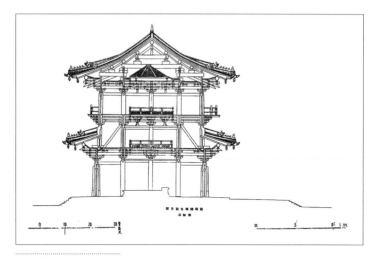

卷首图四 观音阁横断面图

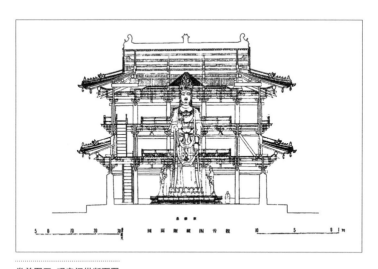

卷首图五 观音阁纵断面图

典型。都凡二十四种，聚于一阁，诚可谓集斗栱之大成者矣！

观音阁及山门上梁枋之用法，尚为后世所常见，皆为普通之梁（Beam），无复杂之力学作用。其与后世制度最大之区别，乃其横断面之比例。梁之载重力，在其高度，而其宽度之影响较小；今科学造梁之制，大略以高二宽一为适宜之比例。按清制高宽为十与八或十二与十之比，其横断面几成正方形。宋《营造法式》所规定，则为三与二之比，较清式合理。而观音阁及山门（辽式）则皆为二与一之比，与近代方法符合。岂吾侪之科学知识，日见退步耶！

其在结构方面最大之发现则木材之标准化是也。清式建筑，皆以"斗口"[1]为单位，凡梁柱之高宽，面阔进深之修广，皆受斗口之牵制。制至繁杂，计算至难；其"规矩"对各部分之布置分配，拘束尤甚，致使作者无由发挥其创造能力。古制则不然，以观音阁之大，其用材之制，梁枋不下千百，而大小只六种。此种极端之标准化，于材料之估价及施工之程序上，皆使工作简单。结构上重要之特征也。

观音阁天花，亦与清代制度大异。其井口甚小，分布甚密，为后世所不见。而与日本镰仓时代[2]遗物颇相类似，可相较鉴也。

----

1) 斗栱大斗安栱之口为"斗口"。
2) 日本古代历史时代，自公元 1185 年，至公元 1333 年，相当于中国南宋孝宗淳熙十二年至元顺帝元统元年。日本镰仓时代的建筑受同期中国南方建筑影响较。——傅熹年注

卷首图六 山门立面图

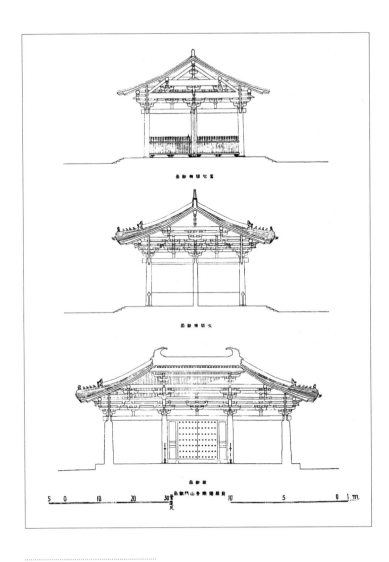

面部横断面里當

面部横断面火

面部版

5 0 10 20 30 面部門山参樂獨縣前 10 5 0 1 m

卷首图七 山门横断面及纵断面图

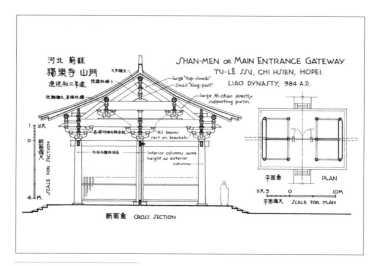

卷首图八 山门横断面及平面图

　　阁与山门之瓦，已非原物。然山门脊饰，与今日所习见之正吻不同。其在唐代，为鳍形之尾，自宋而后，则为吻，二者之蜕变程序，尚无可考。山门鸱尾，其下段已成今所习见之吻，而上段则尚为唐代之尾，虽未可必其为辽原物，亦必为明以前按原物仿造，亦可见过渡形制之一般。砖墙下部之裙肩，颇为低矮，只及清式之半，其所呈现象，至为奇特。山西北部辽物亦多如是，盖亦其特征之一也。

　　观音阁中之十一面观音像，亦统和重塑，尚具唐风，其两旁侍立菩萨，与盛唐造像尤相似，亦雕塑史中之重要遗例也。

〔寺 史〕

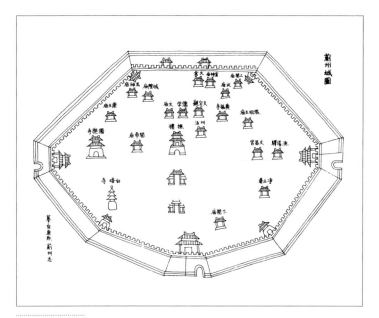

第一图 蓟州城图

　　蓟县 [1] 在北平 [2] 之东百八十里，汉属渔阳郡，唐开元间，始置蓟州。五代石晋，割以赂辽，其地遂不复归中国。金曾以蓟一度遗宋，不数年而复取之。宋、元、明以来，屡为华狄冲突

1) 辽代称渔阳县，后称蓟州。1913 年改称蓟县。新中国成立后属河北省，今为天津市蓟州区。

2) 1927 年北伐后，北京改称北平，至 1949 年新中国成立后，又改称北京。此文撰于 1932 年，故称北京为北平。——傅熹年注

之地、军事重镇，而北京之拱卫也。蓟城地处盘山之麓。盘山乃历代诗人歌咏之题，风景幽美，为蓟城天然之背景。

蓟既为古来重镇，其建置至为周全，学宫衙署，僧寺道院，莫不齐备（第一图）。而千数百年来，为蓟民宗教生活之中心者，则独乐寺也。寺在城西门内，中有高阁，高出城表，自城外十余里之遥，已可望见。每届废历[1]三月中，寺例有庙会之举，县境居民，百数十里跋涉，参加盛会，以期"带福还家"。其在蓟民心目中，实为无上圣地，如是者已数百年，蓟县耆老亦莫知其始自何年也。

独乐寺虽为蓟县名刹，而寺史则殊渺茫，其缘始无可考。与蓟人谈，咸以寺之古远相告；而耆老缙绅，则或谓屋脊小亭内碑文有"贞观十年建"字样，或谓为"尉迟敬德监修"数字，或将二说合而为一，谓为"贞观十年尉迟敬德监修"者，不一而足。"敬德监修"，已成我国匠人历代之口头神话，无论任何建筑物，彼若认为久远者，概称"敬德监修"。至于"贞观十年"，只是传说，无人目睹，亦未见诸传记。即使此二者俱属事实，亦只为寺创建之时，或其历史中之一段。至于今日尚存之观音阁及山门，则绝非唐构也。

蓟人又谓：独乐寺为安禄山誓师之地。"独乐"之名，亦禄山所命，盖禄山思独乐而不与民同乐，故尔命名云。蓟城西北有独乐水，为境内名川之一，不知寺以水名，抑水以寺名，抑二者皆为禄山命名也。

寺之创立，至迟亦在唐初。《日下旧闻考》引《盘山志》云[1]："独乐寺不知创自何代，至辽时重修。有翰林院学士承旨刘成碑。统和四年孟夏立石，其文曰：'故尚父秦王请谈真大师入独乐寺，修观音阁。以统和二年冬十月再建，上下两级，东西五间，南北八架，大阁一所。重塑十一面观音菩萨像'"。自统和上溯至唐初三百余年耳。唐代为我国历史上佛教最昌盛时代；寺像之修建供养极为繁多，而对于佛教之保护，必甚周密。在彼适宜之环境之下，木质建筑，寿至少可数百年。殆经五代之乱，寺渐倾颓，至统和（北宋初）适为需要重修之时。故在统和以前，寺至少已有三百年之历史，殆属可能。

刘成碑今已无可考，而刘成其人者，亦未见经传。尚父秦王者，耶律奴瓜也[2]。按《辽史》本传，奴瓜为太祖异母弟南府宰相苏之孙，"有膂力，善调鹰隼"，盖一介武夫。统和四年始建军功。六年败宋游兵于定州，二十一年伐宋，擒王继忠于望都。当时前线乃在河北省南部一带，蓟州较北，已为辽内地，故有

---

1) 同治十一年李氏刻本《盘山志》方无此段。
2) 查辽史，统和四年碑上提到的"故尚父秦王"应是韩匡嗣，而不是开泰初（公元1012—1021年）始加尚父的耶律奴瓜。——莫宗江注

此建置，而奴瓜乃当时再建观音阁之主动者也。

谈真大师亦无可考，盖当时高僧而为宗室所赏识或敬重者。观音阁之再建，是在其监督之下施工者也。

统和二年，即宋太宗雍熙元年，公元 984 年也。阁之再建，实在北宋初年。《营造法式》为我国最古营造术书，亦为研究宋代建筑之唯一著述，初刊于宋哲宗元符三年（公元 1100 年）[1]，上距阁之再建，已百十六年。而统和二年，上距唐亡（昭宣帝天祐四年，公元 907 年）仅七十七年。以年月论，距唐末尚近于法式刊行之年。且地处边境，在地理上与中原较隔绝。在唐代地属中国，其文化自直接受中原影响，五代以后地属夷狄，中国原有文化，固自保守，然在中原若有新文化之产生，则所受影响，必因当时政治界限而隔阻，故愚以为在观音阁再建之时，中原建筑若已有新变动之发生，在蓟北未必受其影响，而保存唐代特征亦必较多。如观音阁者，实唐、宋二代间建筑之过渡形式，而研究上重要之关键也。

阁之形式，确如碑所载，"上下两级，东西五间，南北八架"。阁实为三级，但中层为暗层，如西式之 Mezzanine（夹层——编注）者，故主要层为两级，暗层自外不见。南北八架云者，按今式称为九架，盖谓九檩而椽分八段也。

---

1)《营造法式》初刊于宋崇宁二年（公元 1103 年）。——莫宗江注

自统和以后，历代修葺，可考者只四次，皆在明末以后。元、明间必有修葺，然无可考。

万历间，户部郎中王于陛重修之，有《独乐大悲阁记》，谓："……其载修则统和己酉也。经今久圮，二三信士谋所以为缮葺计；前饷部柯公[1]，实倡其事，感而兴起者，殆不乏焉。柯公以迁秩行，予继其后，既经时，涂暨之业斯竟。因赡礼大士，下赌金碧辉映，其法身庄严钜丽，围抱不易尽，相传以为就刻一大树云。"按康熙《朝邑县后志》："王于陛，字启宸，万历丁未进士。以二甲授户部主事，升郎中，督饷蓟州。"

丁未为万历二十五年（公元1595年）。其在蓟时期，当在是年以后，故其修葺独乐寺，当在万历后期。其所谓重修，亦限于油饰彩画，故云"金碧辉映，庄严钜丽"，于寺阁之结构无所更改也。

明清之交，蓟城被屠三次，相传全城人民，集中独乐寺及塔下寺，抵死保护，故城虽屠，而寺无恙，此亦足以表示蓟人对寺之爱护也。

王于陛修葺以后六十余年，王弘祚复修之。弘祚以崇祯十四年（公元1614年）"自盘阴来牧渔阳"。入清以后，官户部尚书，顺治十五年（公元1658年）"晋秩司农，奉使黄花山，

---

1)《蓟州志》（官秩·户部分司题名）柯维蓁，万历中任是职，王于陛之前任。

路过是州，追随大学士宗伯菊潭胡公来寺少憩焉。风景不殊，而人民非故；台砌倾圮，而庙貌徒存……寺僧春山游来，讯予（弘祚）曰："是召棠冠社之所凭也，忍以草莱委诸？"予唯唯，为之捐资而倡首焉。一时贤士大夫欣然乐输，而州牧胡君[1]，毅然劝助，共襄盛举。未几，其徒妙乘以成功告，且曰宝阁配殿，及天王殿山门，皆焕然聿新矣"（《修独乐寺记》）。此入清以后第一次修葺也。其倡首者王弘祚，而"州牧胡君"助之。当其事者则春山、妙乘。所修则宝阁配殿，及天王殿山门也。读上记，天王殿山门，似为二建筑物然者，然实则一，盖以山门而置天王者也。以地势而论，今山门迫临西街，前无空地，后距观音阁亦只七八丈，其间断不容更一建筑物之加入，故"天王殿山门"者，实一物也。

乾隆十八年（公元 1753 年）"于寺内东偏……建立座落，并于寺前改立栅栏照壁，巍然改观"（《蓟州沈志》卷三）。是殆为寺平面布置上极大之更改。盖在此以前，寺之布置，自山门至阁后，必周以回廊，如唐代遗制。高宗于"寺内东偏"建立座落，"则寺内东偏"原有之建筑，必被拆毁。不唯如是，于"西偏"亦有同时代建立之建筑，故寺原有之东西廊，殆于此时改变，而成今日之规模。"巍然改观"，不唯在"栅栏照壁"也。

---

1)《蓟州志》（官秩·知州题名）胡国佐，三韩人，荫生。修学宫西庑戟门，有记。陞湖广德安府同知，取任之日，民攀辕号泣，送不忍舍，盖德政有以及人也。

第二十三图 敦煌壁画净土图

　　乾隆重修于寺上最大之更动，除平面之布置外，厥唯观音阁四角檐下所加柱（第二十三图），及若干部分之"清式化"。阁出檐甚远，七百余年，已向下倾圮，故四角柱之增加，为必要之补救法，阁之得以保存，唯此是赖。

　　关于此次重修，尚有神话一段。蓟县老绅告予，当乾隆重修之时，工人休息用膳，有老者至，工人享以食。问味何如，老者曰："盐短，盐短！"盖鲁班降世，而以上檐改短为不然，故曰"檐短"云。按今全部权衡，上檐与下檐檐出，长短适宜，调谐悦目，檐短之说，不敢与鲁班赞同。至于其他"清式化"部分，如山花板、博脊及山门雀替之添造，门窗隔扇之修改，内檐柱头枋间之填塞，皆将于各章分别论之。

高宗生逢盛世，正有清鼎定之后，国裕民安，府库充实；且性嗜美术，好游名山大川。凡其足迹所至，必重修寺观，立碑自耀。唐、宋古建筑遗物之毁于其"重修"者，不知凡几，京畿一带，受创尤甚。而独乐寺竟能经"寺内东偏"座落之建立，观音阁、山门尚侥幸得免，亦中国建筑史之万幸也。

光绪二十七年（公元 1901 年），"两宫回銮"之后，有谒陵 [1] 盛典，道出蓟州，独乐寺因为座落之所在，于是复加修葺粉饰。此为最后一次之重修，然多限于油漆彩画等外表之点缀。骨干构架，仍未更改。今日所见之外观，即光绪重修以后之物。

有清一代，因座落之关系，独乐寺遂成禁地，庙会盛典，皆于寺前举行。平时寺内非平民所得入，至清末遂有窃贼潜居阁顶之轶事。贼犯案年余，无法查获，终破案于观音阁上层天花之上；相传其中布置极为完善，竟然一安乐窝。其上下之道，则在东梢间柱间攀上，摩擦油腻，尚有黑光，至今犹见。

鼎革以后，寺复归还于民众，一时香火极盛。民国六年，始拨西院为师范学校。十三年，陕军来蓟，驻于独乐寺，是为寺内驻军之始。十六年，驻本县保安队，始毁装修。十七年春，驻孙殿英部军队，十八年春始去。此一年中，破坏最甚。然较

---

1) 清东陵，在蓟东遵化县境。

之同时东陵盗陵案，则吾侪不得不庆独乐寺所受孙部之特别优待也。

北伐成功以后，蓟县党部成立，一时破除迷信之声，甚嚣尘上，于是党委中有倡议拍卖独乐寺者。全蓟人民哗然反对，幸未实现。不然，此千年国宝，又将牺牲于"破除迷信"美名之下矣。

民国二十年，全寺拨为蓟县乡村师范学校，阁、山门，并东西院座落归焉。东西院及后部正殿，皆改为校舍，而观音阁、山门，则保存未动。南面栅栏部分，围以土墙，于是无业游民，不复得对寺加以无聊之涂抹撕拆。现任学校当局诸君，对于建筑，保护备至。观音阁、山门十余年来，备受灾难，今归学校管理，可谓渐入小康时期，然社会及政府之保护，犹为亟不容缓也。

〔现状〕

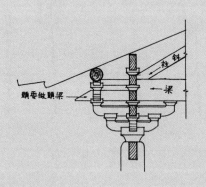

题要做题梁

柱斜

梁

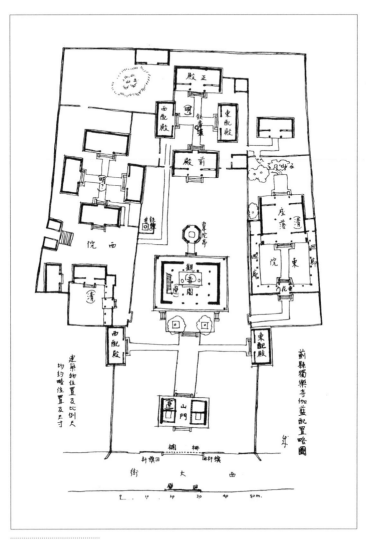

第二图 独乐寺平面图

统和原构，唯观音阁及山门尚存，其余殿宇，殆皆明清重建（第二图）。今在街之南，与山门对峙者为乾隆十八年所立照壁。街之北，山门之南为墙，东西两端辟门道，而中部则用土坯垒砌，与原有红墙，显然各别。此土墙部分，原为乾隆十八年立栅栏所在，日久栅栏朽坏，去岁蓟县乡村师范学校接收寺产后，遂用墙堵塞，以防游民入校。虽将山门遮掩，致使瞻仰者不得远观前面立面之全部，然为古物之保存计，实亦目前所不得不尔者。栅栏之前有旗杆二，一杆虽失，而石座夹杆则并存。旗杆与栅栏排列并非平行，东座距壁 0.28 米而西座距壁 0.73 米。座高1.57 米，见方约 0.84 米。与北平常见乾隆旗杆座旨趣大异。且剥蚀殊甚，殆亦辽物也。

栅栏之内为山门（第三图），二者之间，地殊狭隘。愚以为山门原临街，乾隆以前未置栅栏，寺前街道，较他部开朗，旗杆立于其中，略似意大利各寺前之广场，其气象庄严，自可想见。山门面阔三间，进深二间[1]，格扇装修，已被军队拆毁无，仅存楹框。南面二梢间[2]，立天王像二尊，故土人亦称山门曰"哼哈殿"。天王立小砖台上，然砖已崩散，天王将无立足之地矣！北面二梢间东西壁画四天王，涂抹殊甚，观其色泽，殆光绪重修所重摹者。笔法颜色皆无足道。

....

1) 建筑物之长度为面阔，深度为进深。

2) 如屋五间，居中者为明间或当心间，其次曰次间，两端为梢间。

第三图 山门

　　山门之北为观音阁，即寺之主要建筑物也。阁高三层，而外观则似二层者。立于石坛之上，高出城表，距蓟城十余里，已遥遥望见之（第四图）。经千年风雨寒暑之剥蚀，百十次兵灾匪祸之屠劫，犹能保存至今，巍然独立。其完整情形，殊出意外，尤为难得。阁檐四隅，皆支以柱，盖檐出颇远，年久昂腐，有下倾之虞，不得不尔。阁中主人翁为十一面观音像，高约十六米，立须弥坛上，二菩萨侍立。法相庄严，必出名手，其年代或较阁犹古，亦属可能。与大像相背，面北部分尚有像，盖为落伽山中之观音。此数像者，其意趣尚具唐风，而簇新彩画，鲜艳妖冶，亦像之辱也。坛上除此数像外，尚有像三躯，恐为明以后物。北向门额悬铁磬一，万历间净土庵物，今为学生上课敲点用。庵在县城东南，磬不知何时移此。

　　阁与山门之间，为篮球场，为求地址加宽，故山门北面与观音阁前月台南面之石阶，皆已拆毁，其间适合球场宽度。球场（即前院）东西为配殿，各为三楹小屋，纯属清式。东配殿门窗全无，荒置无用，西配殿为学校接待室。

　　阁之北，距阁丈余为八角小亭，亦清构。亭内立韦驮铜像（第五图），甲胄武士，合掌北向立，高约 2.30 米，镌刻极精。审其

第四图 远望观音阁

第五图 韦陀铜像

第六图 后殿前香炉及梁思成　　　　第七图 铁钟

手法，殆明中叶所作。光绪重修时，劣匠竟涂以灰泥，施以彩画，大好金身，乃蒙不洁，幸易剔除，无伤于像也。

亭北空院为网球场，场北为本寺前殿，殿三楹，殊狭小，而立于权衡颇高之台基上。弦歌之声，时时溢出，今为音乐教室。前殿之后为大殿，大小与前殿略同，为学校办公室。东西配殿为学生宿舍，此部分或为明代重修。然气魄极小，不足与阁调和对称。庭中有铁香炉一座（第六图），高约 2.60 米，作小圆亭状，其南面檐下斗栱间文曰：

顺天府蓟州

独乐寺大殿前进

□炉一座

本寺僧正 □僧□

□□ 　□□（？）

　　元成（？）

　　□智

　　□□

　　宽龙（？）

　　普福

　　普祥

惜僧正名无可读。西南二门之间文曰：

信士 平冶 陈□程元忠魏邦冶

铸匠 王之禄 王之富 王之屏 王之蒲 男王有文等

崇祯拾肆年拾壹月吉日造

韦驮亭西有井一口，据县老绅士王子明先生言，幼时曾见寺有残碑，于光绪重修时用作垒砌井筒之用，岂即刘成碑耶？井口现有铁钟一口(第七图)，系于井架，高0.83米。钟分八格，其中二格有左列文字：

蓟州独乐　口二百斤

寺募缘比　弘治二年

丘戒莲诚　四月　日

资铸钟一　首座戒宗

皇图永固　匠人邓华

帝道遐昌　信女惠成

佛日增辉　妙真妙全

法轮常转　刘氏刘氏

惠贤

惠荣

铸钟信人

王璩

借此得知明孝宗时首座之名。

　　前院东配殿之北，墙有门，通东院，即乾隆十八年所建之"座落"也。入门有空院，其北为垂花门，内有围廊，北面广厅，东西三楹，南北二间，其一切形制，皆为最合规矩之清式。厅现为大讲堂（第八图）。其后空院，石山大树犹存，再后则小屋三楹，荒废未用。

　　前院西配殿之北，墙亦有门，通西院，殆亦同时建。入门为夹道，垂花门东向，内有小廊，小屋三楹，他无所有。现为校长及教员宿舍。

　　此部之后面，尚有殿二进，东西配殿各一座，皆三楹。现

第八图 东院座落正厅

为学生宿舍及食堂。其西尚有大门三楹，外临城垣，内有礓磋[1]，颇似车骑出入之门。在寺产完全归校以前，此即学校正门也。

　　总之，寺之建筑物，以观音阁为主，山门次之，皆辽代原构，为本次研究主物。后部殿宇，虽属明构，与清式只略异，东西两院则纯属极规矩之清式，无特别可注意之点也。

1) 斜坡不作阶级，由一高度达另一高度之道为礓磋。

〔山门〕

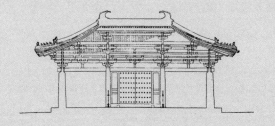

（一）**外观** 山门为面阔三间进深二间之单层建筑物。顶注四阿[1]，脊作鸱尾，青瓦红墙。南面额曰"独乐寺"，相传严嵩手笔。全部权衡，与明清建筑物大异，所呈现象至为庄严稳固。在小建筑物上，施以四阿，尤为后世所罕见（第九图）。

（二）**平面** 面阔三间，进深二间，共有柱十二。当心间（今称明间）面阔 6.10 米，中柱[2]间安装大门，为出入寺之孔道。梢间面阔 5.23 米，南面二间立天王像，北面二间原来有像否，尚待考。中柱与前后檐柱间之进深为 4.38 米。因进深较少于梢间面阔，故垂脊与正脊相交乃在梢间之内而不正在中柱之上也（见卷首图一）。

（三）**台基及阶** 台基为石质，颇低；高仅 0.50 米。前后台出[3]约 2.20 米，而两山台出则为 1.30 米，显然不备行人绕门或在两山[4]檐下通行者。南面石阶三级，颇短小，宽不及一间，殆非原状。盖阶之"长随间广"，自李明仲至于今日，尚为定例，明仲前百年，不宜有此例外也。北面石阶已毁，当与南面同。

（四）**柱及柱础** 山门柱十二，皆《营造法式》所谓"直柱"者是。柱身与柱径之比例，虽只为 8.6 与 1 之比，尚不及罗马爱

---

1) 屋顶各面斜坡相交成脊。如屋顶四面皆坡，则除顶上正脊外，四隅尚有四垂脊，即"四阿"。

2) 在建筑物纵中线之上之柱，在明间次间之间，或次间梢间之间者为"中柱"。在最外两端者为"山柱"。在建筑物前后面之柱为"檐柱"，在角者为"角柱"。

3) 由檐柱中线至台基外边为前后"出台"，由山柱中线至两旁台基外边为两山"台出"。

4) 长方形建筑物之两狭面为"两山"。

第九图 独乐寺山门北面

奥尼克式¹⁾柱之瘦长，而所呈现象，则较瘦；盖因抱框²⁾等附属部分遮盖使然。柱之下径较大于上径，唯收分³⁾甚微，故不甚显著，非详究不察；然在观者下意识中，固已得一种稳固之印象。兹将各柱之平均度量列出：

　　柱高 4.33 米；下径 0.51 米；上径 0.47 米；高：径 8.65：1；收分 25‰

1) 罗马建筑五式之一（爱奥尼克柱式），其柱之长为径之九倍。
2) 柱间安窗，先将窗框安于柱旁，谓之"抱框"。
3) 柱下大上小，谓之"收分"。

第十图 山门柱头铺作及补间铺作

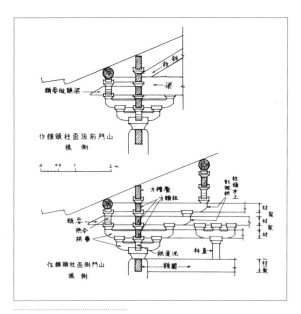

第十一图 山门柱头铺作侧样

前后柱脚与中柱脚之距离为 4.38 米，而柱头间则为 4.29 米，柱头微向内偏，约合柱高 2%。按《营造法式》卷五："凡立柱，并令柱首微收向内，柱脚微出向外，谓之侧脚。每屋正面，随柱之长，每一尺即侧脚一分；若侧面，每长一尺，即侧脚八厘。至角柱，其柱首相向各依本法。"

山门柱之倾斜度极为明显，且甚于《营造法式》所规定，其为"侧脚"无疑（第九图）。

柱身经历次重修，或坎补，或涂抹，乃至全柱更换，亦属可能。观音阁柱头，皆"卷杀[1]作覆盆样"（第二十六图），而山门柱头乃平正如清式，其是否原物，亦待考也。

柱础[2]为本地青石造，方约 0.85 米，不及柱径之倍，而自《营造法式》至清《工程做法》皆规定柱础"方倍柱之径"，此岂辽、宋制度之不同欤？础上"覆盆"较似清式简单之"古镜"，不若宋式之华丽也。

（五）斗栱 山门外檐斗栱，共有三种，分述如次：

1. 柱头铺作[3] 清式称柱头科（第十、十一图）。其栌斗（今称坐斗）"施之于柱头"，不似清式之将"坐斗"施于"平板枋"上。

---

1) 将木材方正之端，斫造使圆，谓之"卷杀"。
2) 柱下之石，清名"柱顶石"。其上雕起作盘形部分，宋称"覆盆"，清称"古镜"，宋式繁多，而清式简单。
3) 清称"斗栱"，宋称"铺作"。

自栌斗外出者计华栱（今称翘）两层，故上层长两跳[1]。上层跳头施以令栱（今称厢栱），与耍头相交，置于交互斗（今称十八斗）内。其耍头之制，将头作成约三十度向外之锐角，略似平置之昂，不若清式之作六十度向内之钝角者。令栱之上，置散斗（今称三才升）三个，以承栱形小木，及其上之槫（今称桁）。按《营造法式》卷五，有所谓"替木"者，其长按地位而异，"两头各下杀四分……若至出际，长与槫齐"。此栱形小木，殆即"替木"欤？与此"替木"位置功用相同者，于清式建筑中有"挑檐枋"，长与檩同，而此处所见，则分段施于各铺作令栱之上，且将两端略加卷杀，甚足以表示承受上部分散之重量，而集中使移于柱头之机能，堪称善美。

与华栱相交，而与建筑物表面平行者为泥道栱（今称瓜栱）及与今万栱相似之长栱。然此长栱者，有栱之形，而无栱之用，实柱头枋（清式称正心枋）上而雕作栱形者也。就愚所知，敦煌壁画，嵩山少林寺初祖庵[2]，《营造法式》及明清遗构，此式尚未之见，而与独乐寺约略同时之大同上下华严寺、应县佛宫寺木塔皆同此结构，殆辽之特征欤？

华栱二层，其上层跳头施以令栱，已于上文述及；然下层

---

1) 用栱之制，原则上为上层材较下层伸出，层层叠出，即挑檐或悬臂之法是也。《营造法式》栱每伸出一层，谓之一"跳"。栱端谓之"跳头"。
2) 敦煌壁画大部为唐代遗物。初祖庵建于宋徽宗宣和七年。

跳头，则无与之相交之栱，亦为明清式所无。按《营造法式》卷四，
总铺作次序中曰："凡铺作逐跳上安栱谓之'计心'。若逐跳上
不安栱，而再出跳或出昂者谓之'偷心'"。

山门柱头铺作，在此点上适与此条符合，"偷心"之佳例也。

前后檐柱柱头铺作后尾为华栱两跳，跳头不安栱，而以上
层跳头之散斗承托大梁之下。使梁之重量全部由斗栱转达于柱
以至于地，条理井然，为建筑逻辑之最良表现（见卷首图七）。

山柱柱头铺作后尾，则唯华栱五跳，层层叠出，以承平槫。
跳头皆无横栱，为明清制度所无（第十一图、第十二图）。此式《营造

法式》亦未述及。然考之日本镰仓时代所建之奈良东大寺南大门，及伊东忠太博士发现之怀安县照化寺挓门[1]，皆作此式，虽内外之位置不同，而其结构法则一。此式在日本称"天竺样"，虽称"天竺"，亦来自中土，不过以此示别于日本早年受自中国之"唐样"，及其日本化之"和样"耳。

服部胜吉《日本古建筑史》所引《东大寺造立供养记》关于寺中佛像之铸造，则有"……铸物师大工陈和卿也，都宋朝工舍弟陈佛铸等七人也，日本铸物师草部是助以下十四人也……"等句，是此寺所受中土影响，毫无疑义。前此只见于日本者，追溯其源，伊东先生得之于照化寺，今复见之于蓟县遗物，其线索益明了矣。

至于斗栱之正面，则栌斗之内，与华栱相交者，有泥道栱（今称正心瓜栱），其两端施以散斗（散斗之在正心上者今称槽升子）；其上则为柱头枋，枋上刻成长栱形。再上为第二层柱头枋，亦刻作栱形，长与泥道栱同，其上为第三层柱头枋，又刻作长栱形。其全部所呈现象，为短栱上承长栱之结合共二层，各栱头皆施以散斗。

上述泥道栱，即今之正心瓜栱。其长栱殆即《营造法式》所谓"慢栱"是。《营造法式》卷四有各栱名释，谓"造栱之制

---

1) 见《中国营造学社汇刊》卷三一期刘敦桢译《法隆寺建筑》补注。补图第十六、第十七。

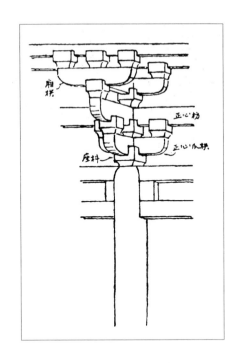

有五"，而所释只四。同卷中又见"慢栱"之名，慢栱盖即第五种栱而为李所遗者。但卷三十大木作图样中，又有慢栱图，其形颇长。清式建筑中，与之位置相同者称"万栱"，南语慢万同音，故其名称无可疑也。

在结构方面着眼，将多层枋子，雕作栱形，殊不合理。《营造法式》以至明清制度，皆在慢栱之上，施以枋子，无将枋上雕作栱形者。然追溯古例，其所以如此之故，颇易解释。按西

第十四图 山门转角
铺作

安大慈恩寺大雁塔门楣雕刻所见，乃正心瓜栱上承正心枋，正心枋上又有小坐斗（《营造法式》所称"齐心斗"），斗上又有正心瓜栱及正心枋，是同一物而上下两层叠叠者也（第十三图）。今若将此下层正心枋雕以慢栱之形，再将上层正心瓜栱伸引成枋，则与山门所见无异。其来历极明显也。

2. **转角铺作** 清式称"角科"。其结构较柱头铺作复杂，盖两朵[1]柱头铺作相交而成（第十四图）。于柱之中线上，其正面及侧面皆有华栱二层。上层华栱之上，正面侧面皆各出耍头，

---

1) 斗栱之全部称"朵"，清称"攒"。

与柱头铺作上者同。而此面要头之后尾，则为他面第二层柱头枋，换言之，则正侧二面第二层柱头枋相交后伸出而为要头也。此面第一层华栱之后尾为彼面泥道栱，第二层华栱后尾则为彼面刻成慢栱形之第一层柱头枋。此种做法，即清式所谓"把臂"，宋式称为"列栱"者是。每层华栱跳头，皆施以栱，成所谓"计心"者。屋角四十五度斜线上，有角栱三层，最上者与跳头令栱平，以支角梁。与角栱成正角，而施于柱中线上者，有长栱一道，与令栱平，唯安于二层跳头之瓜子栱（今称外拽瓜栱）上，姑名之曰"抹角慢栱"。其栱端亦安散斗，以承檩下之替木。

转角铺作之后尾乃由角栱后尾五层叠成，与山柱柱头铺作后尾同其形制，其最上一跳则以承正面及山面下平槫（今称下金桁）之相交点。

3. 补间铺作（第十图及第十五图）清式称"平身科"。其机能在防止两柱头间之檩及上部向下弯坠。其位置在二柱头之间。其最下层为"直斗"，立于阑额（今称额枋）之上，直斗之上置大斗，大斗之上安华栱两跳，上层跳头施以替木，以承檐檩（今称挑檐桁）。下层华栱与第一层柱头枋相交安于大斗口内。此第一层柱头枋雕作泥道栱（瓜栱）形，其上第二层柱头枋则雕作慢栱，第三层又雕作泥道栱。与柱头铺作上各层枋上所雕栱，长短适相错。若皆为真栱，则此相错排列，为事实上所不能，亦其不合理处也。

此种补间铺作，与明清制度固极不同，而与《营造法式》

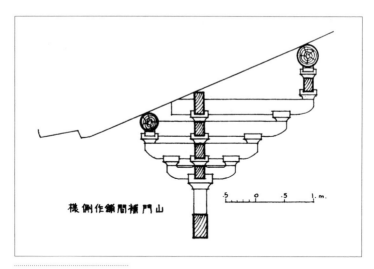

第十五图 山门补间铺作侧样

亦迥然异趣。明清式之补间铺作，多者可至七八攒——如太和殿。《营造法式》卷四《总铺作次序》则谓："当心间须用补间铺作两朵，次间及梢间各用一朵。其铺作分布，令远近皆匀。"

而独乐寺观音阁及山门，补间铺作皆只一朵（即一攒），虽当心间亦无两朵者。

至于其结构，则与宋元明清更异，如直斗一物，在六朝隋唐遗物中，固所常见；在《营造法式》中则并其名亦无之；日本称之曰"束"，刘士能先生称之曰"直斗"，今沿刘先生称。隋唐直斗上多安一斗以承枋，而无栱交于其口内。明清补间铺作则似柱头铺作，以栌斗安于平板枋上。此处所见，则直斗之上，施以华栱二跳，以承檐桁，盖二者间之过渡形式，关键至为明显。今南北西三面直斗皆已失，唯东面尚存，劣匠施以彩画，竟与垫栱板画成一片（第十图），欲将其机能之外形一笔抹杀；幸仔细观察，原形尚可见也。

补间铺作之后尾，与山柱柱头铺作后尾略同，为四层华栱，跳头无横栱，层层叠出以承下平槫。其梢间铺作与山面铺作皆不在二柱之正中，与《法式》"令远近皆匀"一语不符，前者偏近角柱，后者偏近山柱，而二者与角柱间距离则同，盖其后尾与转角铺作之后尾共同承支前后下平槫及山下平槫之相交点，其距离乃视下平槫而定也。

山门内檐斗栱，则有：

4. 中柱柱头斗栱 其机能在承托大梁之中段，将其重量转达于柱。华栱二跳自栌斗伸出，与外檐柱头铺作后尾同，前后二面皆如此。正面则泥道栱一道，上承三层枋，枋上亦雕栱形，如外檐所见。

5. 补间铺作 内檐补间铺作乃将外檐补间铺作而去其华栱所成。其直斗立于阑额上，其上承枋三层，枋亦雕成栱形。当心间铺作上，第一层枋雕作泥道栱，第二层则雕作慢栱，第三层不雕。梢间唯第一层雕作栱形，二、三层不雕。此三层枋子者，实山面柱头铺作后尾伸引而成，亦有趣之结构法也。

大梁以上尚有斗栱数种，当于下节分析之。

至于斗栱各部尺寸，亦饶研究价值，兹先表列如下：

	长（米）	宽（米）	高（米）
栌　斗	0.51	0.51	0.32
交互斗	0.27	0.22	0.165
散　斗	0.22	0.22	0.165
补间辅作大斗	0.43	0.43	0.25
华　栱	按跳定	0.165	0.24
泥道栱	1.17	0.165	0.24
慢　栱	1.90	0.165	0.24
令　栱	1.08	0.165	0.24
替　木	1.83	0.165	0.105

考之《营造法式》，卷四有造斗之制：

"栌斗……长与广皆三十二分……高二十分；上八分为耳，中四分为平，下八分为欹，开口广十分，深八分。底四面各杀四分，欹顋一分。"

其长广与高之比例为八与五之比；0.51 米与 0.32 米亦适为八与五之比，故在此点，与宋式同，而异于清式之三与二之比。宋式之耳、平、欹，及清式之斗口、升腰、斗底，皆为二一二之比；而山门栌斗此三部乃 0.37、0.26、0.43 米[1]。其开口之深度，

较宋清式略浅，而其影响于全朵之权衡则甚大。

交互斗及散斗与法式所述亦略有出入，然因体积较小，故对于全朵权衡之影响亦较小也。

关于栱之横断面，《法式》所定宽与高为二与三之比，此处所见虽略有不同，大致仍符合。而清式则为一与二之比。

宋式口广十分，泥道栱长六十二分，慢栱长无可考[1]。清式瓜栱之长与斗口之比亦六十二分，而万栱则为九十二分。山门泥道栱长 1.17 米，口广 0.165 米，其比例约为七十一分弱；慢栱长 1.90 米，约合一百十五分强，故辽栱之长，实远甚于宋以后之栱。

华栱之长，视出跳之数及其远近而定。然出跳似无定制，第一跳长 0.49 米，第二跳则长 0.35 米，耍头则长 0.47 米，不若清式之各跳均匀也。华栱卷杀，每头四瓣，每瓣长约 0.075 米；泥道栱则每头三瓣，与宋清制度均同。

（六）**梁枋** 阑额横贯柱头之间，清名额枋。其高 0.37 米、广 0.15 米。广约当厚之五分之二。额上无平板枋，异于清制。补间铺作即置于阑额之上。

山门有梁二架（卷首图七），置于柱头铺作之上，梁端伸出，即为耍头，成铺作之一部分。清式耍头只用于平身科（即补间

---

1) 1932 年所用陶本《营造法式》缺慢栱条文。——莫宗江注

铺作），柱头枓上梁头则大几如梁身，不似辽式之与栱同大小也。耍头既为梁头，而又为斗栱之一部分，梁与斗栱间之联合乃极坚实。同时耍头又与令栱交置，以承替木及"撩檐槫"[1]（今称挑檐桁），于是各部遂成一种有机的结合。梁之中段，置于中柱柱头铺作之上，虽为五架梁，因中段不悬空，遂呈极稳固之状。梁上檐柱及中柱之间置柁墩，然其形不若清式之为"墩"，乃由大斗及相交之二栱而成，实则一简单铺作（第十六图）；其前后栱则承上层之三架梁，左右栱则以承襻间（今称枋）。然此铺作，不直接置于梁上，而置于梁上一宽 0.21 米、厚 0.06 米之垫板上。其位置亦非檐柱及山柱之正中，而略偏近檐柱，距檐柱 1.88 米，距中柱则 2.41 米。

三架梁与平槫枋相交于此铺作上，梁头亦形如耍头。枋上复有散斗及替木以承平槫。梁之中段则置于五架梁上直斗之上；其上则有驼峰，驼峰上又为直斗，直斗上为交互斗（或齐心斗），口内置泥道栱及翼形栱一。泥道栱上为襻间（今称脊枋），枋上置散斗，枋端卷杀作栱形，以承替木及脊槫。自枋之前后，有斜柱下支于三架梁，平槫之前或后，亦有斜柱下支于五架梁。斜柱下空档，现有泥壁填塞，原有玲珑状态为此失去不少（第十七图）。

五架梁于《营造法式》称"四椽栿"，三架梁称"平梁"。

第十六图 山门大梁柁橔　　　　　　第十七图 山门侏儒柱

平梁上之直斗称"侏儒柱"。斜柱亦称"叉手"，见《法式》卷
五《侏儒柱》节内。翼形栱不知何名，《法式》卷三十一第
二十二页图中有相类似之栱；以位置论，殆即清式所谓"棒梁
云"之前身欤？

　　《营造法式》卷五《侏儒柱》节又谓："凡屋如彻上明造，
即于蜀柱之上安斗，斗上安随间襻间，或一材或两材。襻间广
厚并如材，长随间广，出半栱在外，半栱连身对隐……"

　　彻上明造"即无天花。柱上安斗，即山门所见。襻间者，

即清式之脊枋是也[1]。

今门之制，则在斗内先作泥道栱，栱上置襻间。其外端作栱形，即"出半栱在外，半栱连身对隐"之谓欤？〔第十八图〕

此部侏儒柱之结构，合理而美观，良构也。然至清代，则侏儒改称脊瓜柱，驼峰斜柱合而为一，成所谓"角背"者，结构既拙，美观不逮尤远。

侏儒柱之机能在承脊槫，而槫则所以承椽。而用槫之制，于檐槫（清式称檐桁或檐檩）一部，辽、宋、清略有不同，特为比较。

---

1) 清代已无《营造法式》中襻间的做法。——莫宗江注

清式于正心枋上置桁（即槫），称"正心桁"，而于斗栱最外跳头上亦置桁，称"挑檐桁"。《营造法式》卷三十一殿堂横断面图二十二种，其中五种有正心桁而无挑檐桁，其余则并正心桁亦无之，而代之以枋。嵩山少林寺初祖庵，建于宣和年间，正与《营造法式》同时，亦只有正心桁而无挑檐桁，其为当时通用方法无疑。

独乐寺所见，则与宋式适反其位置，盖有挑檐桁而无正心桁者。同一功用，而能各异其制如此，亦饶趣矣（第十一图）。

《营造法式》造梁之制多用月梁，于力学原则上颇为适宜。《法式》图中亦有不用月梁而用直梁者。山门及观音阁所用亦非月梁。其最异于清式者，乃在梁之横断面。《工程做法则例》规定梁宽为高之十分之八，其横断面几成正方形。不知梁之载重力，视其高而定，其宽影响甚微也。《营造法式》卷五则规定："凡梁之大小，各随其广，分为三分，以二分为厚。"

其广与厚之比为三与二。此说较为合理。今山门大梁（法式称"檐栿"）广（即高）0.54米、厚0.30米，三架梁（《法式》称"平梁"）广0.50米、厚0.26米，两者比例皆近二与一之比。梁之载重力既不随其宽度减小而减，而梁本身之重量，因而减半。宋人力学知识，间胜清人；而辽人似又胜过宋人一筹矣！

梁横断面之比例既如上述，其美观亦有宜注意之点，即梁之上下边微有卷杀，使梁之腹部，微微凸出。此制于梁之力量，间无大影响，然足以去其机械的直线，而代以圆和之曲线，皆当时大匠苦心构思之结果，吾侪不宜忽略视之。希腊雅典之帕提侬神庙亦有类似此种之微妙手法，以柔济刚，古有名训。乃至上文所述侧脚，亦希腊制度所有，岂吾祖得之自西方先哲耶？

（七）**角梁**　垂脊之骨干也。于屋之四隅伸出者，计上下二层，下层较短，称老角梁或大角梁，上层较长者为仔角梁，置于老角梁之上。由平榑以达脊榑者今称"由戗"，《法式》卷五则称为"隐角梁"。大角梁及隐角梁皆置于榑（即桁）上，前后角梁相交于脊榑之上。清式往往使梢间面阔作进深之半，使其相交在梁之中线上。山门因面阔较大，故相交在梢间之内，而自侏儒柱上伸出斗栱以承之（第十八图）。

大角梁头卷杀为二曲瓣，颇简单庄严，较清式之"霸王拳"善美多矣。仔角梁高广皆逊大角梁，而长过之。头有套兽，下悬铜铎，皆非辽代原物。

（八）**举折**　今称"举架"，所以定屋顶之斜度，及侧面之轮廓者也（卷首图七）。山门举折尺寸，表列如下：

部位	长（米）	举高	高长之比
橑檐榑中至平榑中	2.72	1.11	十之四强
平榑中至脊榑中	2.41	1.46	十之六强
橑檐榑中至脊榑中	5.13	2.57	十之五强

此第一举（即橑檐榑至平榑）之斜度，即今所谓"四举"；

第二举（平槫至脊槫）之斜度，即今所谓"六举"。而全举架斜度，由脊至檐，为二与一之比，即所谓"五举"是。其义即谓十分之长举高四分、五分或六分是也。

《法式》卷五："举屋之法，如殿阁楼台，先量前后橑檐方相去远近，分为三分，从橑檐方背至脊槫背，举起一分。如甋瓦厅堂，即四分中举起一分。又通以四分所得丈尺，每一尺加八分……"

若由脊槫计，则甋瓦厅堂之斜度，实乃二分举一分，即今之五举[1]。山门举架之度，适与此合。宋式按屋深而定其"举"高，再加以"折"，故举为因而折为果。清式不先定屋高，而按步数（即宋式所谓椽数）定为"五，七，九"或"五，六五，七五，九"举，此若干斜线连续所达之高度，即为建筑物之高度。是折为因而举为果。清式最高一步，互折达一与一之比，成四十五度角，其斜度大率远甚于古式，此亦清式建筑与宋以前建筑外表上最易区别之点也。

（九）椽　与举折有密切关系，而影响于建筑物之外观者，则椽出檐之远近是也。

清式出檐之制，约略为高之十分之三或三分之一，其现象颇为短促谨严。《营造法式》檐出按椽径定，而椽径按槫数及其

间距离定，与屋高无定比例[1]。然因斗栱雄大，故出檐率多甚远，恒达柱高一半以上。其现象则豪放，似能遮蔽檐下一切者。与意大利初期文艺复兴式建筑颇相似。

山门自台基背至檑檐方脊高为 6.09 米，而出檐自檐柱中线度之，为 2.63 米，为 4.32/10 或 1/2.31。斜度既缓，出檐复远，此其所以大异于今制也。

椽头做法，亦有宜注意者，椽头及飞椽头（即飞子）皆较椽身略小。《营造法式》卷五檐节下："凡飞子，如椽径十分，则广八分厚七分；各以其广厚分为五分，两边各斜杀一分，底面上留三分，下杀二分……"

此种做法，于独乐寺所见至为明显。且不唯飞子如是，椽头亦加卷杀，皆建筑上特加之精致也（第十图）。

梢间檐椽，向角梁方面续渐加长，使屋之四角，除微弯向上外，还要微弯向外，《营造法式》称为"生出"，清式亦有之，但其比例略异耳。

（十）瓦 蓟县老绅士言，观音阁及山门瓦，原皆极大，宽一尺余、长四尺，于光绪重修时，为奸商窃换。县绅某先生，曾得一块，而珍藏之。请借一观则谓已遗失。其长四尺，虽未必信，而今瓦之非原物，间无疑义。其最可注意者，则脊上两

---

1)《营造法式》规定檐出按椽径定，而椽径是按殿阁或厅堂而定。如殿阁椽径九分至十分，厅堂椽径七分至八分等。——莫宗江注

鸱尾，极可罕贵之物也(第十九图)。鸱尾来源，间甚久远，唐代形制，于敦煌壁画及日本奈良唐招提寺见之，盖纯为鳍形之"尾"，自脊端翘起，而尾端向内者也。明清建筑上所用则为吻，作龙头形，其尾向外卷起，故其意趣大不相同。《营造法式》虽有鸱尾之名，而无详图，在卷三十二《小木作制度图样》内，佛道帐上有之，则纯为明清所习见之吻，非尾也。此处所见，龙首虽与今式略同，而其鳍形之尾，向内卷起，实后世所罕见；其辽代之原物欤？即使非原物，亦必明代仿原物所作。于此鸱尾中，唐式之尾与明清之吻，合而为一，适足以示其过渡形制。

第二十图　山门东间天王塑像、西间天王塑像

此后则尾向外卷，而成今所习见之吻焉。

正脊与垂脊，皆以青砖垒成，无特殊之点。但《营造法式》以瓦为脊，日本镰仓时代建筑物亦然，独乐寺殿堂原脊之是砖是瓦，将终成永久之谜。垂脊之上有兽头（今称垂兽），脊端为"仙人"，《法式》称"嫔伽"，而实则甲胄武士也！嫔伽与垂兽间为"走兽"，《法式》亦称"蹲兽"，其数为四。宋式皆从双数，而清式从单。其分布则不若清式之密，亦不若宋式"每隔三瓦或五瓦安兽一枚"之疏，适得其中者也。

（十一）**砖墙**　两山及山柱与中柱间皆有砖墙，其为近代重

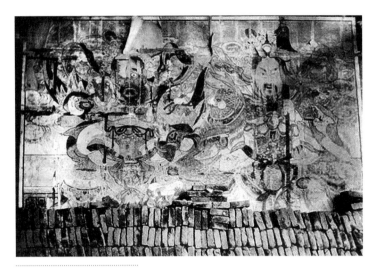

第二十一图 山门西壁天王画像

砌，毫无可疑，然其制度则异于清式。清式以墙之最下三分之一为"裙肩"，此处则墙高 4.33 米，而裙肩高只 0.97 米，约为全高之 1/4.5，其现象亦与清式所习见者大异（第三图）。此外则别无特殊可志者。姑将其各部尺寸列下：

墙高 4.33 米；外裙肩高 0.97 米，山墙厚约 0.97 米，收分 2%

里裙肩高 0.38 米，墙肩高 0.31 米，中墙厚 0.44 米

梢间檐柱与角柱间，尚有槛墙痕迹，高 1.13 米，厚 0.43 米，亦清代所修，而近数年始失去者。

（十二）装修 辽代原物，一无所存。清物则大门二扇，尚

第二十二图 山门匾

称完整。考其痕迹，南北二面梢间之外面，清代曾有槛墙，上安槛窗。今抱框及上中槛尚存，横披花心亦在，其楞子为清故宫内最常见之"菱花"几何形纹样。檐柱与中柱间，当曾有栅栏，想已供数年前驻军炊焚之用矣。

（十三）彩画 彩画之恶劣，盖无与伦。乃光绪末年所涂者。画匠对于建筑各部之机能，既毫无了解，而于颜色图案之调配，更乏美术。除斗栱所施，尚称合宜外，其他各部，皆丑劣不堪。因结构之不同，以致清式定例不能适用，而画者又乏创造力，于是阑额作和玺，檐槫（桁）作"大点金"，大点金而间以万字"箍头"又杂以"苏画枋心"。数层柱头枋上彩画亦如是，而枋心又不在其正当位置。替木上又加以 ⼂⼂⼂⼂ 纹。尤为荒谬者则垫栱板上普遍之万字纹上添花，竟将补间铺作之直斗亦置于其掩盖之下，非特加注意，观者竟不知直斗之存在。喧哗嘈杂，不可响尔（第十图）。夫名刹之山门，乃法相庄严之地，而施以滑稽如彼之彩画，可谓大不敬也矣。

（十四）**塑像** 南面梢间立塑像二尊，土人呼为哼哈二将，而呼山门为"哼哈殿"。像状至凶狞，肩际长巾，飘然若动。东立者闭口握拳，为哼。西立者开口伸掌为哈。实为天王也。像皆前倾，背系以铁索（第二十图）。新涂彩画甚劣。

（十五）**画像** 北半梢间山墙，画四天王像。东壁为增长（南）持国（北），西壁为多闻（北）广目（南）（第二十一图）。笔法平庸，而布局颇有意趣，盖近代重修而摹画者耶？驻军曾以纸糊墙，今虽撕去，而画受损已多矣。

（十六）**匾** 山门南面额曰"独乐寺"，匾长 2.17 米，高 1.08 米，字方约 0.9 米。相传为严嵩手笔（第二十二图）。

〔观音阁〕

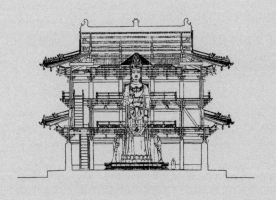

（一）**外观** 阁高三层，而外观则似二层；其上下二主要层之间，夹以暗层，如西式所谓 Mezzanine 者，自外部观之不见。阁外观上最大特征，则与唐敦煌壁画中所见之建筑极相类似也 (第二十三图)。伟大之斗栱，深远之檐出，及屋顶和缓之斜度，稳固庄严，含有无限力量，颇足以表示当时方兴未艾之朝气。其三层斗栱，各因其地位而异其制。屋顶为"歇山"式 [1]，而收山殊甚，正脊因之较清式短，而山花 [2] 亦较清式小。上层周有露台，可登临远眺。今檐四角下支以方柱，以防角檐倾圮。阁立于低广石台基上，其前有月台，台上有花池二方，西池内尚有古柏一株 (第二十四图)。

（二）**平面** 阁东西五间，南北四间；柱分内外二周。外檐柱十六，内檐柱十 (卷首图一)。最中为须弥坛，坛略偏北，上立十一面观音像一，侍立菩萨像二，其他像三；与大像相背有山洞及像。西梢间内为楼梯，可达中层。

中层位于下层天花板之上，上层地板之下，其外周为下檐及平坐铺作所遮蔽，故无窗。其檐柱以内，内柱（清称金柱）以外一周，遂空废无用。内柱以内上下空通全阁之高，而有小台可绕像身一周 (卷首图四、图五)。楼梯在西梢间北端，至中层后

---

1) 中国屋顶之结构，可分三大类；前后左右皆为斜坡者为"庑殿"，古称"四阿"；前后有斜坡而左右山墙直上者为"硬山"；四周有斜坡而左右两坡之上半截改为直上，如硬山与庑殿相合者为"歇山"。

2) 歇山直立部分之三角形为山花，宋式称两际。

第二十三图 敦煌壁画净土图

第二十四图 观音阁南面

折而向南，可达上层。

上层极为空朗，周有檐廊[1]，可以远眺崆峒盘谷。内柱以内，地板开六角形空井，围绕佛身，可以凭栏细观像肩胸以上各部（第二十五图）。南面居中三间俱辟为户，可外通檐廊，北面唯当心间辟户。其余各间则皆为土壁，梯位置亦在西梢间，可以下通中下二层。

下层面阔，当心间较阔于次间，次间又阔于梢间；进深则内间较深于前后间。而梢间之阔与前后间之深同，故檐柱、金柱之间乃成阔度相同之绕廊一周。而内部少二中柱，为佛坛所在。其特可注意者，乃中上二层之金柱，立于下层金柱顶上，而上中层檐柱乃不立于下层檐柱顶上，而向内立于梁上，故中上二层外周间较狭，而阁亦因之呈下大上小之状。兹将各层各柱脚间尺寸列下：

	下层（米）	中层（米）	上层（米）
明间面阔	4.75	4.75	4.75
次间面阔	4.35	4.35	4.35
梢间面阔	3.39	3.03	2.98
前后间进深	3.39	3.03	2.98
内间进深	3.74	3.74	3.74

1) 清代在外檐平坐栏杆的四角加支柱，造成类似一周檐廊的错觉，实际是平坐（下同）。——莫宗江注

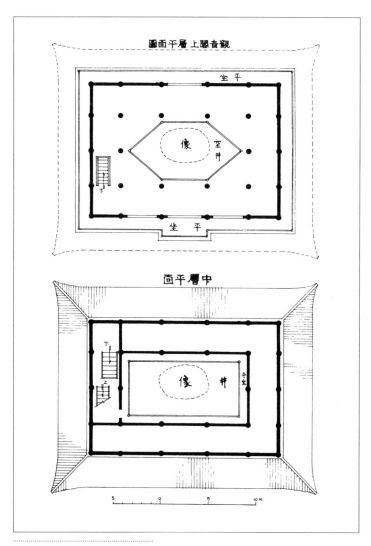

觀音閣上層平面圖

平坐

像　空井

下

中層平面圖

下

上

像　井　平坐

5　　0　　5　　10 m.

第二十五图　观音阁二、三层平面图

以上度量，不唯可见中上二层檐柱之内移，且可见柱侧脚之度[1]。

（三）台基及月台　观音阁全部最下层之结构为台基，全部之基础，而阁与地间之过渡部分[2]也。台基为石砌，长 26.66 米，宽 20.45 米，高 1.04 米。以全部权衡计，台基颇嫌扁矮，若倍其高，于外观必大有裨益。然台基今之高度，是否原高度，尚属可疑，惜未得发掘，以验其有无埋没部分也。砌台基之石，皆当地所产花岗石，虽经磋琢，仍欠方整，殆亦原物而经重砌者。台基之上面，墁以方砖；檐柱以内，即为下层地板。

台基之前为月台，长 16.22 米，占正面三间有余，宽 7.70 米，而较台基低 0.20 米。月台亦石砌，与台基同，上墁方砖。台上左右有花池二，方约 2 米，西池内尚有古柏一株，而东池一株并根不存矣。月台东西两方，与台基邻接处，有阶五级，可下平地。南面原亦有阶，然因有碍球场，已于去岁拆毁。今阶石尚存月台东阶下，拆毁痕迹尚可见。台基北面亦有阶。

（四）柱及柱础　观音阁柱与山门柱形制相同，亦《营造法式》所谓直柱者也。山门诸柱，原物较少，而观音阁殆因不易撤换，故皆（？）原物，千年来屡经修葺，坎补涂抹之处既多且乱，致使各柱肥瘦不同，测究非易。然测究之结果，乃得知各柱因位

---

1) 文中只有各注脚间尺寸，无各柱头间尺寸，因此不能看出柱侧脚之度。——莫宗江注
2) Transitional member

置之不同，尺寸略约，姑列如下表：

	高（米）[1)	下径（米）	上径（米）	收分	高与径比
下层檐柱	4.35	0.48	——	——	9.1:1
下层内柱	4.58	0.505	——	——	9.1:1
上层檐柱	2.75	0.49	0.49	无	5.6:1
上层角柱	2.75	0.52	0.52	无	5.3:1
上层内柱	2.75	0.52	0.52	7‰	5.1:1
上层中柱	2.75	0.47	0.45	7‰	5.85:1

　　综上列诸度量及山门柱度量，得知柱径与高无一定之比例。清式定例，柱高为柱径之十倍，而独乐寺所见，则绝无定例。考之《营造法式》卷五，用柱之制，亦绝无以柱高或径定其比例及尺寸者。山门及观音阁，其柱径虽每柱不同，然皆约略为 0.5 米，愚意以为原计划必每柱皆同径，不分地位及用途；其略有大小不同者，乃选材不当或施工不准及后世砑补所使然耳。

　　阁柱收分尤微，虽有亦不及 1%。然因各柱尺寸不同，亦难得知确为何如。其最显而易见者，则柱之侧脚度也。关于此点，上文已详加申述，然于楼阁柱侧脚之制，则《法式》有一段："若楼阁柱侧脚，只以柱以上为则，侧脚上更加侧脚，逐层仿此。"

....

1) 表中将上层檐柱、角柱、内柱、中柱的柱高都作 2.75 米，这是当时还不了解古代建筑的柱高有生起之误。——莫宗江注按前页各层面阔进深尺寸表，梢间面阔及前后间进深，向上层层缩减，可知其然；即未测量，肉眼描视，亦显现易见也（第二十四图）。

阁高既为三倍，柱亦为三层垒叠而上达，而各层于斗栱檐廊等部，各自齐备；故阁之三层，可分析为三个完整之结构垒叠而成[1]。然则各层相叠之制，亦研究所宜注意。中层檐柱，不立于下层檐柱之上，而立于其上之梁上，二柱中线相距 0.355 米。惧其不固也，更以横木承之。而此横木，乃一旧栱，其必为唐以前物无疑。上下二柱既不衔接，则其荷重下达亦不能一线直下，而借梁枋为之转移，此转移荷重之梁枋，遂受上下二柱之切力[2]，为减少切力之影响，故加旧栱以增其力。但枋下梁栱叠出，最上受柱重之枋，已将其重量层层移向下层柱心，而切力亦在栱之全身，而不独在受柱之枋。此法固非极善，然因斗栱结构完善，足以承重不敝也（卷首图四、卷首图五）。清式楼阁有童柱之制，与此略同。然因童柱立于梁中，而不在梁之一端，故其应力亦不同也。

至于上层檐柱，乃立于中层柱头栌斗之上，上中层内柱，亦立于中下层内柱柱头栌斗之上；与各栱相交，似成为斗栱之中心然者；因与各栱交置，故各柱脚竟多劈裂倾斜，亦非用木之善法也。此种作法，当于下文平坐铺作题下详论之（第四十图）。

---

1) 欧洲建筑有所谓 Superposed Order 者，此其真正之实例也。
2) Shearing force

第二十六图 观音阁
暗层内柱头

至于柱之形式，上径下径相差无几，其收分平均不过 1%，故其所呈现象颇长而直。所谓直柱者是。其柱头卷杀作覆盆样，亦为特征，此点于在暗层内之中层内柱，未经油饰诸部分最为明显（第二十六图）。

柱基石料与山门同，亦当地青石造，方 0.90 米，亦不及柱径之倍，然比例较大于山门柱础。其上覆盆之制亦与山门同 [1]。

1) 独乐寺的阁与门柱础上都没有覆盆。——莫宗江注

（五）斗栱　观音阁上下内外计有斗栱二十四种，各因其地位及功用之不同，而异其形制。

下层外檐斗栱四种：

1.柱头铺作　栌斗施于柱头，斗上出华栱四跳，并耍头共计五层。与华栱耍头相交者计泥道栱一层，柱头枋四层，共计亦五层。下三层柱头枋皆雕作假栱形，如山门之制。跳头每隔一跳，上安横栱，作"偷心"之制，故华栱四跳中，唯第二跳及第四跳跳头上安横栱，栱上承枋（第二十七、第二十八图）。关于此部结构，《法式》卷四《总铺作次序》谓："……每跳令栱上只用素枋一重，谓之单栱。……每跳瓜子栱上施慢栱，慢栱上用素枋，谓之重栱。"

而此段小注中则谓："素枋在泥道栱上者谓之柱头枋，在跳上者谓之罗汉枋[1]，枋上斜安遮椽板。"

第二跳跳头计瓜子栱、慢栱各一层，上用罗汉枋，即所谓重栱之制。此制至清代仍沿用之。第四跳跳头上则只用单栱，唯令栱一层，与耍头相交，清代亦同此制。唯清式于令栱（清称厢栱）上散斗（清称三才升）内安挑檐枋，上承挑檐桁。宋式则无桁而用橑檐枋，辽式则以替木代挑檐枋（第二十九图），上加橑檐榑（挑檐桁）。此节上文虽已论及，唯为清晰计，故重申述之。

---

1) 罗汉枋长通建筑物之全厂宽度或全长度，清式谓之"拽枋"；其在外者为"外拽枋"，在内者为"内拽枋"。柱头枋清式称"正心枋"。

第二十七图 观音阁下层外檐柱头及补间铺作

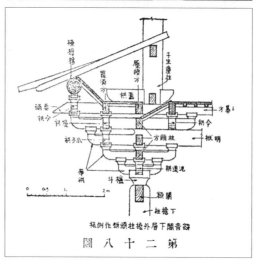

第二十八图 观音阁下层外柱头辅作侧样

　　至于各跳长度，亦因地位功用而稍异。第一、第三两跳出跳较短，而第二、第四两跳出跳较长，盖因偷心之制，二、四两跳较重要于一、三两跳，故使然也。

第二十九图 观音阁下层外檐柱头铺作之替木

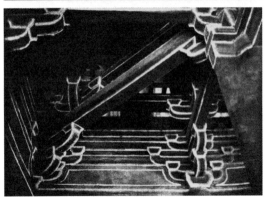

第三十图 观音阁下层外檐柱头铺作及转角铺作后尾

铺作后尾之结构（第三十图），亦殊饶趣味。最下华栱两层，与前面相同，唯长0.02米。第三跳前为华栱尾为梁，直达内柱柱头铺作上。第四跳为栱，顺安于梁上，长只如三跳，而于二跳中线上施以令栱，以承内罗汉枋。更上则为耍头后尾，直达内檐柱头铺作上。檐柱与内柱之间，遂有联络材二件，梁、枋各一。二者功用皆在平的联络，而不在上面负重者也。

各跳间素枋上皆有遮椽板，清称盖斗板者是。因枋间相距颇远，故板下以小楞木承之，为清式所无，然多见于日本，亦隋唐遗制也。

铺作正面立面为重栱两叠，令栱一层，其在柱上者，除泥道栱外，皆由柱头枋雕成假栱，第二跳跳头为重栱；第四跳跳头为令栱。其偷心之结构，特长之慢栱，及全铺作雄大之权衡，遂使建筑物全部之现象，迥异于明清建筑矣。

2.转角铺作 转角铺作者，实两面之柱头铺作，前已述及。故仍当按此原则析分之（第三十一图）。栌斗口中，泥道栱与华栱相列之列栱二件相交，其上华栱三跳，皆由三层柱头枋伸出，即柱头枋与华栱相列也。斜角线上，亦安角栱，与各华栱及要头相垒者五层。正面及侧面华栱第二跳跳头之瓜子栱及慢栱相交于第二跳角栱跳头之上，其另一面遂成罗汉枋下之华栱第三四跳，瓜子栱或慢栱与华栱相列者也。最上一层之柱头枋，在彼一面伸出为要头，与令栱相交于华栱第四跳跳头之上。而罗汉枋亦在彼一面伸出，与要头并列，但上不施栱，其端则斫作翼形。角华栱第四跳跳头上则有令栱二件相交，上施散斗，斗上承长替木，达正令栱之上。而与要头相垒之角枋，则端亦作栱形，成第五层角华栱，栱端斗上安"宝瓶"，以承大角梁。

其后尾唯角华栱二层。第三层为斜梁，达内角柱。第四层

第三十一图 观音阁下层外檐转角铺作及柱头铺作

为栱，顺安梁上。第五层为斜枋，即外端上置宝瓶之最上层角华栱后尾也。此部结构与柱头铺作后尾完全相同，唯位置斜角；其唯一不同之点，乃内罗汉枋下令栱，其一端为栱，而另一端乃与第三层柱头枋相交，《法式》所谓令栱与切几头相列者是也（第三十图）。

此转角铺作，骤观颇似复杂不堪者，但略加分析，则有条不紊，逻辑井然，结构法所自然产生之结果也。

3. 正面补间铺作 下檐唯当心间及次间有补间铺作，而梢

第三十二图　观音阁西面各层斗栱

间无之。由结构上言，谓下檐无补间铺作可也。盖柱头铺作与柱头铺作之间，有柱头枋四层互相联络，而所谓补间铺作者，徒在枋上雕作栱形；其在下一层为泥道栱，其上为慢栱，再上为令栱，无华栱出跳，非所以承檐者也。各栱上置散斗三，以承上层之柱头枋，而最下层之下，则有一小斗及直斗，置于阑额之上。今直斗已失，其形制幸自山门东面得见之；而大斗则至今尚虚悬枋下也（第二十七图）。

　　4. 山面补间铺作　亦唯内间有之，而前后间不置。虽与正面补间铺作同在枋上雕成假栱形，然因间之进深较小，故栱形亦略异。其最下层为翼形栱，上置一散斗，其上为泥道栱，再上为慢栱，与柱头铺作同层之慢栱"连栱交隐"（第三十二图）。各层枋间，亦垫以散斗，最下则支以直斗，如正面及山门之制。

补间铺作，自宋而后始见繁杂，隋唐遗例，殆多用人字形或直斗者。人字形及直斗之功用在各层枋间上下之联络，于檐之出跳无与也。观音阁他层及山门虽有较繁杂之补间铺作，而简单如阁之下檐，只略具后代补间铺作之雏形，而于功用上仍纯为"隋唐"者，实罕见之过渡佳例也。

下层内檐斗栱三种

5. 柱头铺作（第三十三图）立于内柱柱头上平板枋上，其内向者为铺作之正面，而向外一面乃其后尾。此斗栱者，所以承中层内平坐：华栱两跳，每跳上安素枋，枋上铺地板，置栏杆，可绕佛身中段一周。而中层内柱，亦立于同柱头之上。重栱计心，与《营造法式》下列数段符合：

"造平坐之制，其铺作减上屋一跳或两跳，其铺作宜用重栱及逐跳计心造作。"

"凡平坐铺作下用普拍枋，厚随材广或更加一栔……"

而普拍枋者，盖即清式所谓平板枋；清式凡斗栱皆置于平板枋上，无将栌斗直接置于柱头者，而此处所见于普拍枋之用，只限于平坐铺作之下，与宋式适同。

铺作后尾。第一层为栱，第二层为梁，即外檐第三跳后尾之

第三十三图 观音阁
下层内檐平坐铺作

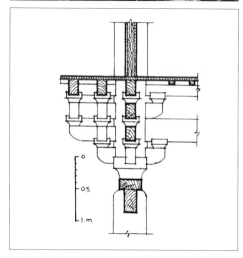

第三十四图 观音阁
下层内檐平坐柱头
铺作侧样

梁也。第三跳又为栱，第四层为枋，即外檐耍头后尾伸引部分也。

铺作正面，栌斗之内，泥道栱与华栱相交，第二层为慢栱，乃由柱头枋雕成假栱形，柱头枋共计三层，第二层亦雕泥道栱形。第三跳跳头施重栱，上安素枋，第二跳跳头施令栱，上安散斗三枚，以承素枋。

中层内柱，立于下层内柱上栌头之上，与各层栱枋相交，似成为斗栱之一部分者（第三十四图）。《法式》卷四造平坐之制：

"凡平坐铺作，若叉柱造，即每角用栌斗一枚，其柱根叉于栌斗之上；若缠柱造，即每角于柱外普拍枋上安栌斗三枚。"

平坐铺作与上层柱之不能分离，于此已可见；故上一层柱根，实已为下层平坐铺作之一部分。观音阁所见，显然非缠柱造，然是否即为叉柱造，愿以质之贤者。

6. 转角铺作（第三十三图）其正面向内，故其结构亦与向外之转角铺作不同。其正侧二面各有泥道栱、慢栱，泥道栱与后尾之华栱相列，慢栱与后尾之梁相列，斜角上华栱二跳。第一跳跳头正侧二面重栱相交，重栱之后尾为切几头，接于柱头枋上。第二跳跳头为二面令栱相交，其后尾亦为切几头，与第一跳上慢栱相交于瓜子栱端斗内。斜角华栱后尾为华栱及梁，与柱头铺作同，亦为外檐转角铺作之后尾。外檐转角铺作及次、梢间正面，山面二柱头铺作后尾，三面梁枋会于此柱头之上，于结构上，其位置殊为重要也。

7. 补间铺作（第三十三图）唯正面有之，山面则无。其形制似外檐山面补间铺作，只各层柱头枋间之联络，与出檐结构无关系。下层内外檐补间铺作皆如此，制度一致，非偶然也。

中层外檐铺作五种，皆平坐铺作也；同在一平坐之下，因功用及地位之不同，而各异其结构（第二十四及三十二图）。

8. **柱头铺作** 栌斗安于普拍枋上。华栱三跳，计心重栱：第一跳跳头安重栱，第二跳跳头安令栱，第三跳跳头无横栱，唯安散斗以承素枋及耍头；重栱令栱上亦施素枋，故共有素枋三道；方上铺板，即上层外平坐也。耍头之头，不斜研作耍头形，而南面正中一间，且将此耍头加长约 0.5 米，以增加平坐之深度，俾登临者可瞻李太白题额。泥道栱上为柱头枋三层，上雕假栱形。铺作后尾第一、三两层锯齐无卷杀，第二层为枋，直达内檐中层柱头，铺作之上；第四层即耍头后尾，亦为枋以达内柱柱头。耍头端外即为挂落板。《法式》卷五平坐之制末条谓：

"平坐之内，逐间下草栿前后安地面枋，以拘前后铺作；铺作之上安铺板枋，用一材；四周安雁翅板，广加材一倍，厚四分至五分。"

第二跳后尾盖即地面枋，耍头后尾盖即铺板枋耶？清式称为挂落板者，即雁翅板也。西面铺作后尾，虽在暗层，适当梯间，故第一、三两层作栱形，栱端施斗（第三十五图）。

9. **转角铺作** 华栱三跳，计心，重栱，各栱平正相交相列，角栱亦三跳，绝无不规则之结构（第三十二图）。

10. **正面当心间及次间补间铺作** 亦华栱三跳，计心，重栱。其外形与柱头铺作相同，结构亦极相似，唯栌斗上无斗（第二十四图）。今自外视之，其栌斗与柱头铺作栌斗同，然其背面，则次间无栌斗，而代以驼峰（第三十九图）。其后尾唯第三跳作地面枋（？）

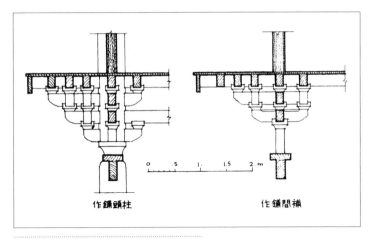

作鏽頭柱   作鏽閒補

第三十五图 观音阁外檐平坐柱头铺作侧样

第三十六图 观音阁外檐平坐山面补间铺作侧样

直达内檐铺作上，"以拘前后铺作"。

    11. 山面补间铺作　指山面居中两间而言。其泥道栱雕于下层柱头枋上，华栱与之相交，计二跳，第一跳跳头横施令栱，上承最内罗汉枋，第二跳无栱，唯安斗以承中罗汉枋，至于外罗汉枋则由柱头达柱头，其间无承支之者。其泥道栱上未雕慢栱形，盖单栱计心造也。下跳华栱与泥道栱之下，盖有大斗及直斗以置于普拍枋者，今皆毁无存（第三十二图、第三十五图）。山面补间铺作之必须异于正面者，盖因山面柱间距离较小，不足以容全部之阔也。

12. 梢间补间铺作　柱间距离较山面尤小，并单栱而不能容，故下层柱头枋上雕云形栱，跳头令栱则与并列之柱头铺作及转角铺作之第一跳上慢栱连栱交隐﹝第二十四、第三十二图﹞。

中层内檐铺作五种，如下层内檐铺作，以内向一面为正面，外向一面为后尾。外向一面，即为暗层之内，故其中除抹角铺作及西面与梯相近之铺作外，其后尾皆如外檐平坐铺作之后尾，栱头概无卷杀，不加修饰。

斗栱之功用，即在承上层之结构，故此部斗栱，亦因上层特殊之布置﹝第二十五图﹞，而有特殊之形制。

13. 当心间两旁柱头铺作　上层地板围绕像身之空井为六角形，东西两端成较正角略小之锐角，其余四角则成约一百三十度之钝角；然中层空井则为长方形。此六角形者，实由自当心间与次间之间之内柱上至中柱上抹角所成。而此抹角之结构，与其他部分两柱头间之结构相同，其各层枋与柱头上各层枋相交于柱头而成铺作；而铺作上除正角相交之华栱与柱头枋外，乃沿约一百三十度之钝角线上，加交各层枋，此乃中层内檐柱头铺作之特点也。谓为转角铺作亦未尝不可﹝第三十七图﹞。

以位置及功用论，则此部实为平坐；既为平坐，则按《法式》之制，须用计心造；然因抹角之故，计心颇为不便——结构不便即不合理——故从权用偷心造也。

其结构为华栱二跳，偷心造，跳头横施令栱，栱上置斗，斗上承罗汉枋。与华栱正角相交者为泥道栱及柱头枋三层，枋

085

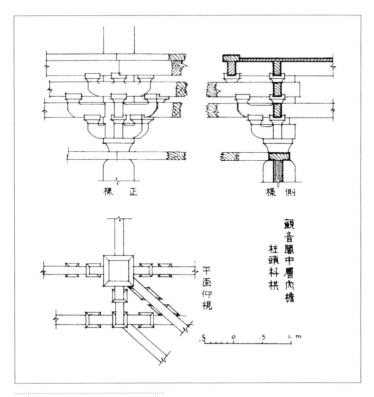

横 正　　　横 侧

觀音閣中層内檐柱頭枓栱

平面仰視

-.5　0　.5　1. m

第三十七图　观音阁中层内檐柱头斗栱

上雕假栱形，本平平无奇。乃于百三十度斜线上加普拍枋、泥道栱以及柱头枋三层，全部斜加一份，此其所以异也。

铺作后尾则锯齐如外檐平坐铺作，而第二、第四两层则伸长成地面枋及铺板枋焉。

第三十八图 观音阁中层内檐次间补间铺作及转角铺作

14. **中柱柱头铺作** 其结构与13同，唯各层抹角枋自两面来交（第四十一图）。

15. **补间铺作** 栌斗安于普拍枋上，华栱二跳，偷心造，第二跳跳头施令栱，栱斗上承罗汉枋，枋上为上层地板（第三十八图）。今栌斗作斗形，然自后尾观之，则作驼峰形；当心间驼峰（第三十九图）与次间驼峰（第四十图）复略异，正面所见之栌斗，恐非原物也。

16. **转角铺作** 构结殊简单，角栱三跳，上承三方面之罗汉枋。第二层柱头枋上雕翼形栱，适在慢栱头散斗上，其上复置

第三十九图　观音阁中层内檐当心间补间铺作后尾　　第四十图　观音阁中层内檐次间补间铺作后尾

交互斗以承罗汉枋（第三十八图）。

此角栱中线，非将角平分而成四十五度者[1]。盖角栱上素枋之彼端，乃承于抹角枋正中之铺作上，而素枋非将角平分，则角栱须随枋略偏也。

17. 抹角枋上补间铺作　自结构方面观之，各层枋皆置于柱头之上，而铺作居枋之中，与普通补间铺作无异，唯因悬空而过，

1) 角栱仍是45°。——莫宗江注

第四十一图 观音阁中层内檐抹角补间铺作

下无墙壁，故其所呈现象，殊觉玲珑精巧。

驼峰置普拍枋上，上置交互斗；华栱与雕作泥道栱形之柱头枋相交于交互斗内。华栱计共两跳，偷心造，第二跳跳头置散斗，斗上承素枋，而不施横栱。结构至简（第四十一图）。

观音阁全部结构中，除中层内外檐当心间及次间平坐补间铺作外，其余各铺作，泥道栱皆雕于第一层柱头枋上，而于其下置直斗或驼峰；此类部分，内外上下皆毁，唯此抹角铺作上尚存，良可贵也。

上层外檐斗栱三种，在结构上及装饰上皆占最重要位置，观音阁全部之性格，可谓由此部斗栱而充分表现可也。

18. 柱头铺作　栌斗施于柱头，其上出四跳，下两跳为华栱，上两跳为昂，即《法式》所谓"重杪重昂"[1]者是。其跳头斗栱之分配为重栱，偷心造。第二跳华栱跳头施瓜子栱及慢栱，慢栱上为罗汉枋。与瓜子栱及慢栱相交者为下昂二层，第二层昂上施令栱，以承替木及橑檐槫。其正面立面形与下檐略同，而侧面因用昂而大异（第四十二图）。

华栱第一跳后尾为华栱；第二跳后尾伸引为梁，直达内柱柱头铺作上。梁以上又为华栱，与令栱相交；令栱上承平棊枋（井口枋），与又一素枋相交。此第三层栱之外端，长只及第二跳跳头，第四层枋则长只及柱头枋，二者背上皆斫截成斜尖，以承第一层下昂。下昂下部承于第二跳跳头交互斗内，斜向后上伸，至与柱头枋相交处，其底适与第三层柱头枋之底平，昂之斜度，与水平约略成三十度。第二层昂在第一层昂之上，而与之平行，昂端横施令栱，与第二跳跳头上之慢栱平。其向外伸出较第二跳长两跳，而向上升高，则只较之高一跳。故其出檐较远而不致太高；盖伸出如华栱两跳之远，而上升只华栱一层之高也。与令栱相交者为耍头，与华栱平行，虽平出在第四跳之上，而高下则与第四跳平。其后斫斜，平置昂上（第四十三图）。

昂之后尾，实为上层柱头铺作最有趣部分。上下二昂，伸

---

1) 重杪重昂，清式称"重翘重昂"。

第四十二图 观音阁
上层外檐柱头铺作及
补间铺作

第四十三图 观音阁
上层外檐柱头铺作
侧样

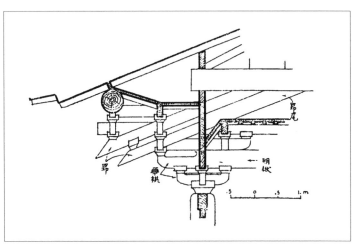

过柱头枋后，斜上直达草栿（清称"三架梁"）之下。昂之外端，受檐部重量下压，其尾端因之上升，而赖草栿重量之下压而保持其均衡。利用杠杆作用，使出跳远出，以补平出华栱之不逮。《法式》卷四《造昂之制》有"如当柱头，即以草栿或丁栿压之"之句，盖即指此。宋代建筑用昂之制，尚以结构为前提。明清以后，斗栱虽尚有昂，而徒具其形而失其用，只平置华栱（翘）而将其外端斫成昂嘴状，非如辽、宋昂之具"有机性"矣。

昂嘴部分，宋以后多为曲线的。《法式》卷四谓："……昂面中凹二分，令颙势圆和。"清式亦如此。然观音阁昂嘴，则为与昂底成三十五度之斜直线，其所呈现象，颇似敦煌壁画所见。此式宋代殆尚有之，见于《造昂之制》文内小注中："……亦有自斗外斜杀至尖者，其昂面平直，谓之'批竹昂'。"

适与此处所见符合。应县佛宫寺塔亦如此，其为唐、辽盛行之式无疑。其后刚强之直线，受年代磋磨，日渐曲柔，至明仲之世，已成"亦有"之一种，退居小注之中；此间所有艺术蜕变之途径，希腊之成罗马，乔托[1]之成拉斐尔，顾虎头之成仇十洲，其起伏之势，如出一辙，非独唐宋建筑之独循此道也。

19. 转角铺作 (第三十一图) 在柱头中线上，正侧二面各层栱昂之结构与程次与柱头铺作者同，所异者唯第二跳跳头重栱与

---

1) 乔托（Giotto），文艺复兴初期意大利画家，画纯朴有蕴力；拉斐尔（Rahpael），文艺复兴后期画家，写实妙肖，惟和柔有女性。

同层他栱相列。角线上角栱二跳，角昂二跳，其上更有"由昂"，上置宝瓶，以承角梁。此三重角昂，在正面及侧面之投影，与正昂投影之角度相同，然其与地面所成之真角，度数实较小，而斜度较缓和，宜注意也。第二跳角栱之上，有正侧二面第二跳上之重栱伸出而成华栱二跳，与角昂相交；上跳跳头置散斗以承替木。第二层角昂之上，置令栱两件相交，与由昂相交；令栱上置散斗，以承其上相交之正侧二面替木。此外尚有斜华栱两层，与角栱成正角而与正栱成四十五度角，相交于栌斗口内（第四十四图）；其上又置栱两跳，与角栱上之两栱夹衬于正昂之两旁。与此栱相交者重栱，其外一端与角栱上之华栱相列，其

第四十四图 观音阁上层外檐转角铺作栌斗上各栱

第四十五图　观音阁上层内外檐柱头
及补间铺作后尾

第四十六图　观音阁上层内檐斗栱

内一端则慢栱与柱头铺作上相垟之慢栱连栱交隐。此转角铺作
之全部，殊为雄大，似繁而实简，结构毕现焉。

　　20. **补间铺作**　正面当心间、次间及山面居中两间用之。华
栱两跳，偷心造，跳头横施令栱，以承罗汉枋。下层华栱与下
层柱头枋交于交互斗内，枋雕作翼形栱。二层枋以上则雕重栱，
铺作后尾唯栱一跳，上施令栱，以承平棊枋（第四十五图）。交互斗
下，原有直斗，今已无存。

　　上层内檐补间铺作，除当心间北面一朵结构特殊外，其余
皆与外檐补间铺作相同。其中略异之一朵，乃内檐山面补间铺作，
因地位狭窄，其令栱慢栱皆与两旁铺作连栱交隐（第四十六图）。

　　上层内檐斗栱五种

21. 柱头铺作 正面与下层外檐柱头铺作完全相同，为华栱四跳，重栱，偷心造（第四十六图）。后尾则与上层外檐柱头铺作完全相同（第四十五图）。上层内檐柱头铺作之特殊者为。

22. 当心间北面柱头铺作 因观音像之位置不在阁之正中，而略偏北，故像顶上之斗八藻井亦随之北偏；因是之故，藻井之南面承于平棊枋上。而北面乃承于罗汉枋上，而平棊枋至当心间而中断。于是华栱第四跳跳头之令栱，在次间内之一端承平棊枋，而在当心间内之一端则斫作四十五度角，以承藻井下之抹角枋。而罗汉枋遂为抹角枋与藻井下北面枋相交点之承支者，遂在其相交点之下，承之以斗，而斗下雕作栱形（第四十七图）。

23. 转角铺作 角栱四跳，偷心造，因地位狭小，其势不能容重栱之交列。故第二跳跳头之上，唯短小之翼形栱与第三跳相交。翼形栱与切几头相列，交于柱头枋上。其上则施短令栱与第四跳相交，而在山面，则短令栱与补间铺作上之令栱、连栱交隐。第四跳上则短令栱二件相交，以承平棊枋（第四十六图）。

正侧二面，则泥道栱相交，其上慢栱之后尾及第二层华栱之后尾皆为梁，第三层柱头枋之后尾则为枋，皆三面分达角柱及其旁二柱，于结构上至为重要焉。

24. 当心间北面补间铺作 与他间略同，所异者乃华栱跳头只置翼形小栱，更上则于罗汉枋上雕令栱形，上置三散斗，以承藻井下枋（第四十七图）。

全阁斗栱共计二十四种，各以功用而异其结构，条理井然，

第四十七图 观音阁上层内檐北面柱头及当心间补间铺作

种类虽多而不杂，构造似繁而实简，以建筑物而如此充满理智及机能，艺术之极品也。

（六）**天花** 观音阁上下二层顶部皆施天花。天花宋称"平棊"[1]，其主要干架即斗栱上之素枋名"平棊枋"者，及与之成正角而施于明栿（梁）上之"算桯枋"（？）也。支条（宋称平闇椽）纵横交置枋上，其分布颇密，而井口亦甚小，约 0.28 米见方，

---

1) 这里所指的是"平闇"。下同。——莫宗江注

第四十八图 日本奈良兴福寺北圆堂内天花

与今所见约二尺（0.70 米）见方之天花，其现象迥异（第三十图、第四十五图）。《法式》于平棊之大小，并无规定，只曰"分布方正"，其是否如此，尚待考。今天花板泰半已供年前驻军炊焚，油饰亦非旧观，然日本镰仓时代之兴福寺北圆堂及三重塔内天花（第四十八图），皆与此处所见大致同一权衡，且彩画尚存，与《营造法式》彩画极相类似，可相鉴较也。

天花与柱头枋间，亦用平闇椽斜置，上遮以板，日本遗物，尚多如此。

当心间像顶之上，作"斗八藻井"，其"椽"尤小，交作三

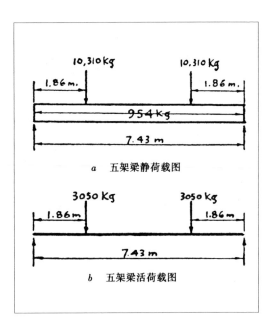

a　五架梁静荷载图

b　五架梁活荷载图

角小格，与他部颇不调谐。是否原形尚待考。

（七）**梁枋** 山门屋内上部，用"彻上露明造"之制，一切
梁枋椽桁，自下皆见。观音阁则上施平棊。平棊以上之梁枋等等，
自下不见，故其做法，亦较粗糙。《法式》卷二《总释》平棊下
小注云："今宫殿中，其上悉用草架梁栿承屋盖之重，如攀额……
方槫之类，及纵横间济之物．皆不施斤斧。……"

其后常用之"草栿"，即指此不施斤斧之梁枋而言；而与之
对称者，即"明栿"是也。

观音阁各柱头斗栱上，第二或第三跳华栱之后尾，皆伸引为"明栿"，明栿背上架"算桯枋"（第四十五图），已于斗栱题下论及。然明栿及算桯枋之功用在拘前后铺作，及承平棊；屋盖之重，及纵横固济之责，悉在平棊以上不施斤斧之梁栿之上焉。

此处用梁之制，与清式大同小异。檐柱与内柱之上施"双步梁"（宋称"乳栿"？），内柱与内柱之上施"五架梁"（"檐栿"？），五架梁之上置柁橔，上施"三架梁"（"平梁"），三架梁上立"脊瓜柱"（"侏儒柱"），其上承脊槫（卷首图四）。其与今日习见所不同者，厥为其大小比例及其与柱之关系。

清式造梁之制，其大梁不论长短及荷重如何，悉较柱宽二寸，而梁高则为宽之四分之五或五分之六。就此即有二问题须加注意者：一，梁对荷重之比例；二，梁宽与梁高之比例。关于第一个问题，当于下文另述；而第二个问题则清式梁高与宽之比为十与八或十二与十之比。

横梁载重之力，在其高度而不在其宽度；宋人有鉴于此，故其高与宽为三与二之比。载于《法式》，奉为定例。清人亦知此原则，故高亦较大于宽，然其比例已近方形。岂七八百载之经验，反使其对力学之了解退而无进耶？

至于梁之大小，兹亦加以分析，并与清式比较：

梁长 7.43 米，每架长 1.86 米，当心间面阔 4.73 米，举高 2.51 米，斜顶长 4.40 米，梁横断面 0.305×0.585 米，

当心间顶面积 4.40×2×4.73=41.70 方米，

静荷载：

木料（桡椽、三架梁、侏儒柱、斗座、槫、攀间、椽、望板，均在内）体积为 7.069 立方米，

瓦（筒瓦、板瓦）体积为 3.13
脊体积为   2.13   共 5.26 立方米，

苫背体积为   3.13 立方米，

木料重量为每立方米 720 斤，   故 $7.069 \times 720 = 5100$ 公斤

砖瓦重量为每立方米 2000 公斤，   故 $5.26 \cdot 2000 = 10520$ 公斤

泥土（苫背）重量为每立方米 1600 公斤，故 $3.13 \times 1600 = 5000$ 公斤

共 20620 公斤

又五架梁自身重为 $0.585 \times 0.305 \times 7.43 \times 720 = 954$ 公斤

用上得之静荷载，则五架梁所受之最大挠曲弯矩为 $10310 \times 1.86 + 954 \times \dfrac{7.43}{8} = 20100$ 公斤 / 米，其所受最大之竖切力为 $10310 \times \dfrac{954}{2}$ 公斤 $= 10800$ 公斤，则五架梁中之最大挠曲应力为 $\dfrac{6 \times 20100}{0.305 \times 0.585} = 1160000$ 公斤 / 米 ^{2}，其最大切应力为 $\dfrac{10800}{0.305 \times 0.585} \times \dfrac{2}{3} = 91000$ 公斤 / 米 ^{2}。

活荷载：

屋顶之活荷载包括屋顶所受之雪压及风力等数。此项荷载，通常可假定为每平方米 195 公斤，然其重量之四分之一，已由梁之两端，直下内柱之上。由梁身转达柱上者，只其余四分之三。故其活荷载总量为 $195 \times 41.70 \times \dfrac{3}{4} = 9000$ 公斤。其最大挠曲弯矩

为 $3050 \times 1.86 = 5670$ 公斤／米；其最大竖切力为 3050 公斤，其最大挠曲应力为 $\dfrac{6 \times 5670}{0.305 \times 0.585} = 327000$ 公斤／米^2，其最大切应力为 $\dfrac{3050}{0.305 \times 0.585} = 25600$ 公斤／米^2。

木料之强度，至不一律，且因年龄与气候而异。观音阁梁枋木料之最大强度果为若干，未经试验，殊难臆断，但木料之最大挠曲强度约在 3000000 至 4600000 公斤／米^2 之间；而其最大切强度约在 120000 至 230000 公斤／米^2 之间。若以上述之平均数为此阁木料之最大强度，则其挠曲强度为 3800000 公斤，而切强度为 180000 公斤，则此五架梁之安全率（Factor of safety）约如下表：

	绕曲		切	
	应力（公斤／米^2）	安全率	应力（公斤／米^2）	安全率
静荷载独计	1160000	3.23	91000	1.98
静活荷载并计	1487000	2.56	1166000	1.54

右安全率，虽微嫌其小，然仍在普通设计许可范围之内。且各部体积，如瓦之厚度，乃按自板瓦底至筒瓦上作实厚许，未除沟陇之体积；脊本空心，亦当实心计算，故静荷载所假定，实远过实载重量。且历时千载，梁犹健直，更足以证其大小至为适当，宛如曾经精密计算而造者。今若按清式定例计算，则其高当为 0.74 米，宽为 0.59 米，辟为二梁，尚绰有余裕，清人于力学与经济学，岂竟皆不如辽宋时代耶？（第五十图）。

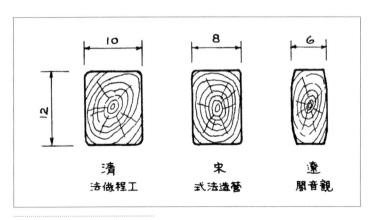

第五十图 辽、宋、清梁横断面比较

　　至于梁与柱安置之关系，则五架梁并非直接置于柱或斗栱之上者。五架梁之下，尚有双步梁，在檐柱及内柱柱头铺作之上；然双架梁亦非如明栿之与铺作合构而成其一部，而只置于其上者。双架梁之内端上，复垫以樵，上置五架梁，结构似嫌松懈。然统和以来，千岁于兹，尚完整不欹，吾侪亦何所责于辽代梓人哉！

　　草栿之附属部分，多用旧料，其中如垫五架梁之柁樵，皆由雄大旧栱二件垒成，较今存栱尤大；是必统和重葺以前原建筑物或他处拆下之旧栱，赫然唐木，乃尚得见于兹，惜顶中黑暗，未得摄影为憾耳。

　　三架梁及五架梁头，并双步梁上柁礅及三架梁上侏儒柱上皆置槫（桁），槫与梁或樵间，皆垫以替木；替木之下，复有襻

第五十一图　观音阁
中层内部斜柱

间（枋），长随间广，与梁相交。侏儒柱上襻间尤大。襻间与替木间，复支以短柱；使槫、替木、襻间三者合成一"复梁"作用焉。

脊襻间之左右，有斜柱支撑于平梁之上。以下每槫之下，皆有斜柱支撑，此为清式所无，而于坚固上，固有绝大之关系也（卷首图四）。

斜柱之制，不唯用于梁架之上，于中层暗部亦用之（第五十一图）。此部或为后世修葺所加；然当初若知用于梁上以支槫，则将此同一原则转用于此处，亦非不可能也。

此次独乐寺辽物研究中，因梁枋、斗栱分析而获得之最大结果，则木材尺寸之标准化是也。清式用材，其尺寸以"斗口"为单位，制至繁而计算难。而观音阁全部结构，梁枋千百，其结构用材，则只六种，其标准化可谓已达极点。《营造法式》卷四《大木作制度》，劈头第一句即谓：

"凡构屋之制，皆以材为祖。材有八等，度屋之大小，因而用之……各以其材之广，分为十五分，以十分为其厚。凡屋宇之高深，名物之短长，曲直举折之势，规矩绳墨之宜，皆以所用材之分，以为制度焉。"

在八等材尺寸比例之后，复谓："栔广六分，厚四分。材上加栔者谓之足材。"

此乃宋式营造之标准单位，固极明显。然而"材""栔"之定义，并未见于书中；虽知其大小比例，而难知其应用法，及其应用之可能度。今见独乐寺，然后知其应用及其对于设计及施工所予之便利及经济。

"材""栔"既为营造单位，则全建筑物每部尺寸，皆为"材""栔"之倍数或分数；故先考何为一"材"。"材"者：（一）为一种度量单位；以栱之广（高度），谓之"一材"。（二）为一种标准木材之称，指木材之横断面言，长则无限制。例如泥道栱、慢栱、柱头枋等，其长虽异，而横断面则同，皆一材也。

"栔广六分，厚四分"：其"广"即散斗之"平"（升腰）及"欹"（斗底）之总高度，即两层栱间之空隙；六分者，"材"之广之十五分之六也。"栔"为"材"之辅，亦为度量单位名称；用作木材时，则以补栱间之隙，非主要结构木材也。材、栔二者，用为度量单位时，皆用其"广"（高度）。栔"厚四分"者，材之广之十五分之四也。"厚"从不用作度量单位，只是标准木材之固定大小而已。

观音阁、山门各部栱枋之高，自 0.241 米至 0.25 米不等。工匠斧锯之不准确，及千年气候之影响，皆足为此种差异之原因，其平均尺度则为 0.244 或 0.245 米，此即阁及门"材"之尺寸也。其"栔"则平均合 0.10 米，约合"材"之五分之二强（虽略有出入，合所谓"六分"——十五分之六）。然则以材、栔为度量之制，辽宋已符，其为唐代所遗旧制必可无疑。

材、栔之义及用既定，若干问题即迎刃而解。例如：泥道、慢、瓜子、令诸栱，柱头、罗汉、平棊等枋，昂，皆"单材"也（其广一材，其厚为广三分之二）。阑额、普拍枋、华栱皆"足材"也（其广一材一栔，其厚为一材之三分之二）。明栿广一材一栔；劄牵（双步梁）[1] 广约二材弱；平梁（三架梁）广二材，檐栿（五架梁）[2] 广二材一栔。共计凡六种，此外其他部分亦莫不如是，其标准化可谓已达最高点。《法式》谓"构屋之制，以材为祖"，信不诬也。

（八）角梁 下层大角梁卷杀作两瓣，而上层则作三瓣；其

---

1) 观音阁无劄牵，应是指前后乳栿。——莫宗江注
2) 内槽柱上的五架梁，不应是檐栿。——莫宗江注

卷杀之曲线严厉，颇具希腊风味。下层角梁后尾安于中层角柱之上。而上层后尾与角昂、由昂，皆置上层内角柱之上。仔角梁较大角梁短小，头戴套兽。大小角梁下皆悬铜铎，每当微风，辄吟东坡"东风当断渡"句，不知蓟在山麓，无渡可断也。

（九）**举折** 观音阁前后橑檐槫相距 17.42 米，举高为 4.76 米，适为五五举弱。较山门举度（五举）略甚。按《法式》之制，殿阁楼台，三分举一分，而筒瓦厅堂则四分举一分又加百分之八，五五举弱适与此算法相符，是非偶然，盖以厅堂举法而施于殿阁也。

至于其折高，则第一举为三二五举，第二举为五举弱，第三举为六举强，第四举为六五举弱，第五举为七五举，其折法不如《法式》之制，与清制亦异。

（十）**椽及檐** 椽皆以径约 0.14 米之杉木造。椽头略加卷杀，飞子亦然，如山门所见。

清式檐出为高三分之一。观音阁下层自橑檐枋背至地高 6.57 米，而自檐柱中至飞头平出檐为 3.28 米，适为高之半。上檐出与下檐出大略相同，因童柱之移入及侧脚之故，故较下檐退入约 0.33 米。然吾侪平日所习见之明清建筑，上檐多造于内柱之上。故似退垒而呈坚稳之状；而观音阁巍然两层远出如翼，其态度至为豪放 (第二十四图)。橑檐槫及罗汉枋间，罗汉枋及柱头枋间，皆有似平闇椽之斜椽，上安遮椽板。

（十一）**两际** 屋顶为歇山式，其两际之结构，与清式颇异。

清式收山少，山花几与檐柱上下成一垂直线。收山少则悬出多，其重量非自梁上伸出之桁（榑）所能胜，故须在山花之内，用种种方法——如蹋脚木，草架柱子等——以支撑之；而此种方法，因不甚合理，故不美观，于是用山花板以掩藏之。宋以前则不然，两际之构造，颇似清式之"悬山"；无山花板，各层梁枋榑头等构材，自下皆见。观音阁两际今则掩以山花，一望而知其非原物；及登顶细察，则原形尚在〔第五十二图〕，惜为劣匠遮掩，自外不得见。

侏儒柱上大襻间，头卷杀作简洁之曲线，长及出际之半。平榑下襻间与平梁（三架梁）交，伸出长如大襻间，卷杀如栱，上置散斗，以承替木。斜柱与侏儒柱之间，其先必填以壁，以防风寒吹入，今则拆去，而于榑头博风板下，掩以山花。既不合理，又复丑恶，何清代匠人之不假思索耶？

博风板之下原先必有悬鱼惹草等装饰，今亦无存。谨按《营造法式》所见，补摹于卷首图三。

（十二）瓦　与山门瓦同，青瓦，亦非原物，其正吻、正脊、垂脊、垂兽、仙人等，殆为明代重修时所配者。

正吻颇似清式，然尾翘起甚高，亦不似清式之如螺旋之卷入。须眉口鼻皆较玲珑。吻背之上皮，斜上尾部，不若清式之平。其剑把则似真剑把，斜插于吻背之背。背兽颇瘦小〔第五十三图〕。

正脊为双龙戏珠纹样。其正中作小亭。相传每届除夕夜午以后，盘山舍利塔神灯，下降蓟城，先独乐而后诸刹。神灯降

第五十二图 观音阁
两际结构

第五十三图 观音阁
瓦饰

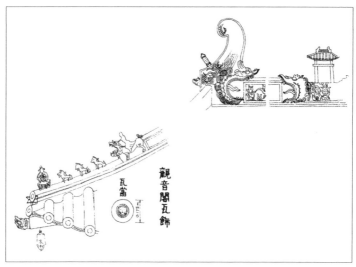

临则亭中光芒射出，照耀全城，称"独乐晨灯"，为蓟州八景之一云。小亭之神话，尚不止此。蓟人告予，光绪重修以前，亭内有碑，碑刻"贞观十年，尉迟敬德监修"云云。吾以望远镜仔细察良久，未见只字。碑上原有文字当无可疑，贞观敬德，颇近无稽；尉迟敬德监修寺庙，亦成匠人神话，未可必信也。

垂脊亦有花纹，但无龙。垂兽为清式所不见。似仙童骑于独角犀牛上，双手攀犀角，颇饶谐趣。走兽虽略异，亦无奇。仙人乃甲胄武士，傲然俯视檐下众生。亦历数百寒暑矣。

筒瓦、板瓦与山门同，详见五十三图，不复赘。

（十三）**墙壁** 下层除南面居中三间及北面居中一间外，皆于柱间砌砖墙。墙高至阑额下，厚约 1 米，计合墙高四分之一。墙收分之度，约为 2%。墙顶近阑额处，斜收入为墙肩。下肩甚低，约合墙高七分之一。清式定例，下肩高为墙高三分之一。明物则下肩尤高。而观音阁及山门与应县佛宫寺塔，下肩皆特低，绝非偶然，窃疑其为辽制。

乾隆御制诗《过独乐寺戏题》有"梵宇久凋零，落色源流画……"句，其夹注则曰"佛有十二源流，僧家多画于壁间"，是独乐寺本有画壁，其画题则十二源流，当时已"落色"，必明以前画也。

上层外墙及中层内墙系在柱间先用绳索系枝为篱，然后将草泥敷于篱上，似今通用之板条抹灰墙；然所用绳索枯枝，皆甚粗陋。壁内藏有斜柱，以巩固屋架之结构（第五十四图）。

第五十四图 观音阁上层外墙结构　　第五十五图 观音阁中层内栏杆并下层内檐铺作

（十四）门窗　原物无丝毫痕迹。清代修葺，门窗改用菱花
楞子。下层横披尚见。其活动部分，已全被年前驻军拆毁。

（十五）地板　在中层各铺作上铺板枋上，敷设地板，板上敷
灰泥约一寸。枋间距离，至短者亦在 2 米以上，而板则厚仅一寸。
人行板上，板上下弯曲弹动，殊欠安稳。清式于"承重"梁上加
"楞木"，无弹动之虞。每年废历三月中，蓟人举行酬神盛会，登
楼者辄同时百数十人，如地板不加坚实，恐惨剧难免发生。

（十六）栏杆　中层内平坐上，绕像一周；上层内地板上，
六角形空井一周，及上层外檐平坐一周，皆绕以栏杆。栏杆于
转角处立望柱，其间则立短小之蜀柱。柱下为地栿，中部为盆
唇，上为寻杖，蜀柱之间盆唇之下为束腰。其各部名称见于《营
造法式》，而形制则较似敦煌壁画所见。中层栏杆束腰花纹，与

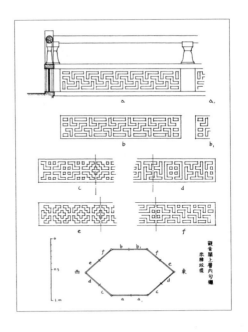

敦煌者尤相似（第五十六图）。

上层内栏杆六面十二格，花纹六种（第四十一图、第五十六图），虽各不同，而精神则一贯。上层外檐栏杆，云栱瘿项改作花瓶形，已失原意矣。

（十七）楼梯　位于西梢间居中两间内，自地北向上至中层，复折而南至上层。梯斜度颇峻，约作四十五度角。梯脚下有小方坛，梯立坛上。梯之两框，颇为长大，辅以栏杆，略如上述。其上下两端，立以望柱；望柱之间，立蜀柱数支，其间贯以盆唇寻杖，其不同者，为束腰部分，不用板而代以一方杖。梯之上端，穿地为孔，孔之三面复以小蜀柱及盆唇束腰栏护焉（第五十七图）。

今梯下段分二十八级，上段分二十级。仰察梯底，乃知今每级只原阶之半，原级之大，实倍于今，下段十四而上段十级，每级高 0.38 米，宽 0.43 米，卯痕犹在，易复原状也（第五十八图）。

（十八）彩画　我国建筑，每逢修葺，辄"油饰一新"，故古建筑之幸存者，亦只骨架，其彩画制度，鲜有百岁以上者。独乐寺彩画，亦非例外，盖光绪重修时所作也。彩画之基本功用在保护木料而延其寿命，其装饰之方面，乃其附带之结果。善施彩画，不唯保护木材，且能借画以表现建筑物之构造精神。而每时代因其结构法之不同，故其彩画制度亦异。

观音阁及山门，皆以辽式构架，施以清式彩画。内部油饰，犹简单稍具古风，尚属可用。外檐彩画，则恶劣不堪，"大点金"也，各种"苏画"或"龙锦枋心"也，撩檐槫，阑额，及斗栱上，尚因古今相似，勉强可观。而各层柱头枋及罗汉枋，在清式所占地位极不重要，在平时几不见，故无彩画，但在辽式，则皆各露，拙匠遂不知所措，亦画以"旋子""枋心"等等纹样。有如白发老叟，衣童子衣，又复以裤为衣，以冠为履，错置乱陈，喧哗嘈杂，滑稽莫甚焉（见外檐各图）！

（十九）塑像及须弥坛　十一面观音像，实为本阁——或本寺——之主人翁。像高约十六米，立须弥坛上，二菩萨侍立。

第五十七图　观音阁
上层梯口

第五十八图　观音阁
楼梯详样

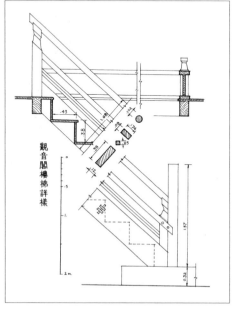

观音阁楼梯详样

第五十九图　十一面
观音像

第六十图　东面侍立
菩萨像

114

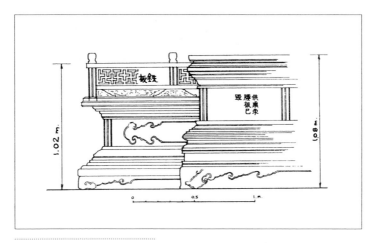

第六十一图 观音阁须弥座供桌详图

相传像为檀香整木刻成，实则中空而泥塑者也。像弯眉楔鼻，长目圆颔，微带慈笑；腹部微突，身向前倾；衣褶圆和，两臂上飘带下垂，下端贴莲座上，皆为唐代特征。然历代重修，原形稍改，而近代彩画，尤为可厌（第五十九图）。

坛上左右侍立菩萨，姿势手法，尤为精妙，疑亦唐代物也（第六十图）。坛上尚有像数尊，率皆明清以后供养，兹不赘。

像所立之须弥坛及坛前供桌，制作亦颇精巧。坛下龟脚，束腰，及上部之栏杆，皆极有趣。供桌叠涩太复杂，与坛似欠调谐（第六十一图）。

（二十）匾 阁尚有匾额三，下层外额曰"具足圆成"，内曰

"普门香界"，乾隆御书。上层外额曰"观音之阁"，匾心宽 1.63
米，高 2.08 米，每字径几 1 米，相传李太白书，笔法古劲而略拙，
颇似唐人笔法。阁字之下署"太白"二字，其为后代所加无疑。
朱桂辛先生则疑为李东阳书，而后人误为太白也（第六十二图）。

〔今后之保护〕

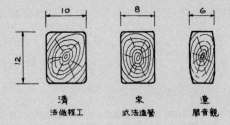

| 清 | 宋 | 辽 |
| 工程做法 | 营造法式 | 观音阁 |

观音阁及山门，既为我国现存建筑物中已发现之最古者，且保存较佳，实为无上国宝。如在他国，则政府及社会之珍维保护，唯恐不善。而在中国则无人知其价值，虽蓟人对之有一种宗教及感情的爱护，然实际上，蓟人既无力，亦无专门智识，数十年来，不唯任风雨之侵蚀，且不能阻止军队之毁坏。今门窗已无，顶盖已漏，若不及早修葺，则数十年乃至数年后，阁、门皆将倾圮，此千年国宝，行将与建章、阿房同其运命，而成史上陈迹。故对于阁、门之积极保护，实目前所亟不容缓也。

保护之法，首须引起社会注意，使知建筑在文化上之价值；使知阁、门在中国文化史上及中国建筑史上之价值，是为保护之治本办法。而此种之认识及觉悟，固非朝夕所能奏效，其根本乃在人民教育程度之提高，此是另一问题，非营造师一人所能为力。故目前最重要问题，乃在保持阁、门现状，不使再加毁坏，实一技术问题也。

木架建筑法劲敌有二，水、火是也。水使木朽，其破坏率缓；火则无情，一炬即成焦土。今阁及山门顶瓦已多处破裂，浸漏殊甚，椽檩已有多处呈开始腐朽状态。不数年间，则椽檩将折，大厦将颓。故目前第一急务，即在屋瓦之翻盖。他部可以缓修，而瓦则刻不容缓，此保持现状最要之第一步也。

瓦漏问题既解决，始及其他问题；而此部问题，可分为二大类，即修及复原是也。破坏部分，须修补之，如瓦之翻盖及门窗之补制。有失原状者，须恢复之，如内檐斗栱间填塞之土取出，上檐清式外栏杆之恢复辽式，两际山花板之拆去等皆是。二者之中，复原问题较为复杂，必须主其事者对于原物形制有绝对根据，方可施行；否则仍非原形，不如保存现有部分，以志建筑所受每时代影响之为愈。古建筑复原问题，已成建筑考古学中一大争点，在意大利教育部中，至今尚为悬案；而愚见则以保存现状为保存古建筑之最良方法，复原部分，非有绝对把握，不宜轻易施行。

防火问题，亦极重要。水朽犹可补救，火焰不可响尔。日本奈良法隆寺由政府以三十万巨金，特构水道，偶尔失慎，则顷刻之间，全寺可罩于雨幕之内；其设备之周，管理之善，非我国今日所敢希冀。然犹可备太平桶水枪等，以备万一之需。同时脊上装置避雷针，以免落雷。在消极方面，则寺内吸烟及佛前香火，尤须永远禁绝。阁立寺中，周无毗连之建筑物，如是则庶几可免火灾矣。

在社会方面，则政府法律之保护，为绝不可少者。军队之大规模破坏，游人题壁窃砖，皆须同样禁止。而古建筑保护法，尤须从速制定、颁布、施行；每年由国库支出若干，以为古建筑修葺及保护之用，而所用主其事者，尤须有专门智识，在美术、历史、工程各方面皆精通博学，方可胜任。日本古建筑保护法颁布施行已三十余年，支出已五百万。回视我国之尚在大举破坏，能不赧然？唯望社会及学术团体对此速加注意，共同督促政府，从速对于建筑遗物，予以保护，以免数千年文化之结晶，沦亡于大地之外。

　　1929 年世界工程学会中，关野贞博士提出《日本古建筑物之保护》一文，实研究中国建筑保护问题之绝好参考资料。蒙北大教授吴鲁强先生盛暑中挥汗译就，赐载本期汇刊。借资借鉴，实所至感。

参考书目

[1]《蓟州志》

[2]《辽史》卷八十五耶律奴瓜传

[3]《日下旧闻考》卷一百十四

[4] 光绪《顺天府志》

[5]《畿辅通志》

[6]《畿辅通志·金石略》

[7]《辽痕》卷二（黄任恒著）

[8]《盘山志》同治十一年李氏刻本

[9]《营造法式》

[10]《中国营造学社汇刊》第三卷第一期《法隆寺与汉六朝建筑式样之关系并补注》（刘敦桢译注），又《我们所知道的唐代佛寺与宫殿》（梁思成著）

[10]《日本古建筑史》第三册（服部胜吉著）

[12]《支那建筑》（伊东忠太，关野贞，塚本靖共著）（卷上）

[13] *Les Grottes de Touen-Houeng*, Paul Pelliot 著

〔附文〕

蓟县观音寺白塔记 [1]

梁思成

登独乐寺观音阁上层，则见十一面观音，永久微笑，慧眼慈祥，向前凝视，若深赏蓟城之风景幽美者。游人随菩萨目光之所之，则南方里许，巍然耸起，高冠全城，千年来作菩萨目光之焦点者，观音寺塔也（第一图）。塔之位置，以目测之，似正在独乐寺之南北中线上，自阁远望，则不偏不倚，适当菩萨之前。故其建造，必因寺而定，可谓独乐寺平面配置中之一部分；广义言之，亦可谓为蓟城千年前城市设计之一著，盖今所谓"平面大计划"者也。

《蓟州志》曰：

> 白塔寺在州西南隅，不知创自何年；以寺内有白塔，故名。于乾隆六十年，直隶总督梁公肯堂奉旨重修白塔。工毕，

1) 本文原载于 1932 年《中国营造学社汇刊》第三卷第二期。——莫宗江注

第一图 观音寺白塔全景

立石塔下，题曰"奉旨重修观音宝塔。"

梁碑之东，有明碑一，为户部郎中毛维骆作，其文如下：

塔下寺碑记

　　蓟州西南隅有塔，屹然晶然，似峰似云，似标似螺，末锐基肆，皮旋腹实。朝惹燕盘霞，夕送崦嵫日。盖蓟镇也，亦蓟观也，祖创固与城俱。嘉隆间，茸之者再，然基则比连

123

卫廨。曩以临弁驻其所，时筑墉涂墁，辄取给附土，沿成潢污下丈许。雨集，卒岁不涸，相违才数尺也。淹溉浸没，日甚一日，即原基盘据有年，然气泄于针芒，长堤溃自蚁穴。于是杞人漆室忧蓟人不无关矣。顷善友宗君、林君辈喜为捐资，不宁常格家兄渭滨与焉。适行僧宽裕，募辅其间，而工以次第举。首罗土石实其虚，所以本也；次整其缺，次粉其郭，次饰金翠冠。其巅一时，插霄拂云，绚星夺日。遥目之，则仙掌玉茎，诸天恍落。迩睨之，则两胁欲风，神情怡荡，洵一时伟观哉，而诸君乐施之功不少也。夫塔非于蓟无系也，塔神物非块物。古建都启土，每封望为镇主，塔为蓟望旧矣。蓟氓依附倚藉，默仗荫庇，于是焉。在且其形类毛锥，岢一笔峰也。蓟文运萧瑟，殆三十余祀，幸文笔新，提毫端健秀扫云判，江河走，龙蛇行，不让长枪铦戟，收笔峰第一捷，盖在此会蓟土尚勉图，破天荒题雁塔，无负默相神工，且以符施修之证果也，则愚所望也。抑又闻之语曰：活人一命，胜造九级浮屠。此又广于修塔建寺之外，可并附以为蓟人说。

大明万历二十二年起至二十八年八月吉日

寺之创立，虽云无考，要之不能早于独乐寺，盖其与独乐寺在平面上之关系，如上文说，绝非偶然。以规模论，独乐寺大而白塔寺小，故必先有独乐而后白塔按其中线以树立也。

在今塔建造之先，原址是否已有一塔，已无可考。而今塔之建造，必在辽代。毛碑所谓"祖创固与城俱"者，非也。沿唐以前塔，平面率多方形，其八角形者，除嵩山净藏禅师塔（天宝五年立）外，尚未他见。而净藏塔乃墓塔，非真正之塔，故谓为唐代尚无八角塔可也。净藏塔盖为后世八角塔之前型，五代辽宋以后，其形制始普遍中国。白塔之平面为八角形，即此一证，已可定其为五代以后物也。

塔之立面，至为奇异。全高 30.6 米。其最下为花岗石基，基每面长 4.58 米。基之上为砖砌覆枭混[1]及其他线条数层；其上则为栏杆，栏杆之上为莲座，此全部为塔之基坛。基坛之上，则为塔之第一层，上冠以檐，第二层略似第一层而矮小，第三层则较第二层高，檐短浅，最上则喇嘛式之"圆肚"塔也。

基坛上之各部，与观音阁所见极相似。其做法盖以基坛当平坐做，故上绕以栏杆。其斗栱则按平坐斗栱做法，华栱两跳，计心造。每角有转角铺作，其间置斗栱两朵。每朵之间，柱头慢栱皆连栱交隐[2]。斗栱各件权衡，较观音阁者略肥硕，盖以砖仿木形，势必然也（第二、第三图）。

平坐之上为栏杆，其形制与阁中者完全相同，每角有圆望柱，每面之地栿、束腰、蜀柱、盆唇、瘿项皆如木制，唯寻杖方而不圆耳。各档束腰，皆用直线几何形花纹，其类数略同观音阁

---

1) ⌐ 形曲线，清称"枭混"，拉丁文曰："Cyma recta"。
2) 见观音阁山门斗栱条。

第二图 塔南面　　　　　　　第三图 塔东北面

上层内栏杆束腰纹样，而以一曲一竖联成者为最普通。各瓭项间空档，则雕种种动植物纹样，如狮子、宝相华，等等。

　　平坐斗栱普拍枋（平板枋）之下，每角上有"硬朗汉"一，挺胸凸腹，双手按膝，切齿睁目，以头顶转角铺作，为状殊苦；以百尺浮屠，使八"人"蹲而顶之，挣扎支持，以至千载，无乃不仁？每面其余二朵斗栱之下，则承以肥短之橛，橛雕种种动植物纹。橛之间，作唐代几案之"腿"形，如壁画及唐代造像座上所常见者，其形式线路，颇为刚劲，而其上所雕"舞女"，姿势飘飘，刻工精秀，尤为可爱。

第一层为塔之主要层。其八角上皆辅以重层小八角塔。小塔座圆如球，球上为莲座。下层之檐，如穗下垂，上层亦有莲座，在下檐之上。上檐作瓦形，上刹如小圆肚塔。此八个小塔，在日光之下，反光射影，不唯增加点缀，且足以助显塔形，设计至为适当。

此层之东西南北四正面，皆为门形，唯南面为真门，可入塔内，其余三面，则皆假门形耳。门为圆栱，挟以凸起之门框，其顶圆部，则刻花纹。门在栱内，上槛高及圆栱中心。门扇皆起门钉。每门上有门簪二，其形方，与清代之四个六角形者异，而与应县佛宫寺木塔所见者同，盖亦古制也。门栱上两旁，挟以"飞天"，飞翔门上，颇有娇趣。

其四斜面则浮起如碑形，每面大书偈语十字：

诸法因缘生 我说是因缘（东南）

因缘尽故灭 我作如是说（西南）

诸法从缘起 如来说其因（西北）

彼法因缘尽 是大沙门说（东北）

碑头则刻小佛像一尊。

此层檐以一极大仰枭混做成，中夹以线条，足以减小其过笨大之现象。檐上覆瓦，角悬铜铎。

此二层似第一层而矮小，无门窗及其他雕饰。其檐制亦无异。

第三层亦八角形，但较高于第二层，上无远出之檐，亦无其他雕饰，盖顶上窣堵坡之座也。

　　窣堵坡之最下层为仰莲座，座上为"圆肚"，肚上浮出悬鱼形之雕饰，共十六个。圆肚之上又为八角者一层，颇矮小，檐以砖层层叠出，檐下亦有悬鱼形雕饰，再上则炮弹形之顶，印度制也。

　　按塔于嘉（嘉靖）隆（隆庆）间葺之者再。盖在晚明，塔之上部必已倾圯，唯存第一、二层。而第三层只余下半，于是就第三层而增其高，使为圆肚之座，以上则完全晚明以后所改建也。圆肚上之八角部分，或为原物之未塌尽部分，而就原有而修砌者，以其大小及位置论，或为原塔之第六层亦未可知也。房山云居寺塔，亦以辽塔下层，而上冠以喇嘛塔者，其现象与此塔颇相似。

　　塔之内部，随塔外形，南面为门；北面小孔，方约一公寸，自孔北窥正见观音阁。内壁皆有壁画。盖明画而清代加以补涂者也。塔内佛像数尊，多已毁，佛头及手足，散置遍地。像皆木刻，颇精美，皆明物也。

　　塔前正中，有经幢残石立香炉座上（第四图）。座八面，每面一字，曰"塔前供养金炉宝鼎"，唯无年月，然就手法观之，必为梁肯堂重修时所置无疑。座旁倚立残幢之半，字迹模糊，不复可辨。其他半则在寺旁道中，现已作路石之一矣。座上及原幢之座或冠，皆刻佛像，精美绝伦。其顶上奏曲诸侍者，尤雕刻之佳品也。

　　塔前地下铁钟一口，高约一米，形似独乐寺钟，为正统元

第四图 塔前经幢

年（1436年）六月造。

　寺其他部分，规模狭小，为清代重建。兹不赘。

独乐寺大悲阁记

王于陛 [1]

　　予入蓟州城西门寺，名独乐。当其中有杰阁焉，高毋虑十数丈，内供大士，阁仅周其身而复，创寺之年邈不可考。其载修则统和乙酉也，经今久圮。二三信士谋所以为缮葺计，前饷部柯公，实倡其事，感而兴起者，殆不乏焉。柯公以迁秩行，予继其后，既经时，涂暨之业斯竟。因瞻礼大士，下睹金碧辉映，其法身庄严钜丽，围抱不易尽，相传以为就刻一大树云。夫瞿昙氏之教主，空于诸，所有而归之空，虽悬像设教，未尝执色相，亦未尝离色相，故牟尼悬珠见，而非见，千百亿化身非见而见上士，超于见外中人，摄于见中同斯诣耳众生苦海。诸佛慈航，独大士从闻思修证三摩地，法力弘浩，号大慈悲，现相化身不一，而足遍满东土，大要使智愚共仰凡圣同皈，或大旃檀香刻画宝身，烧香灯烛，

1）王于陛，朝邑县人，明万历三十五年（公元 1607 年）二甲进士。

如妙高聚，或白衣清净冰月微茫，或千手千眼，或一枝净瓶，总一无二兹寺之以环钜称，且以大树奇也，亦有异乎。夫予不知一茎草何以能化丈六金身，奚啻为树予，又不知兹树之为峄山之桐，仓野之桂为梗为楠为梓倪，亦执身，则菩提是树，菩提是身，离身则身亦非身，树亦非树耶。予与大士相视一笑而已，如破悭贪障福利影响之说，予识也时，何足以知之，姑为记其崖略若此。

修独乐寺记

王弘祚[1]

　　岁辛已，予自盘阴来牧渔阳。时羽书旁午钲鼓之声震于天地，予缮城治械飞刍储粟，日无假晷焉。间公余时不废登临之兴思，所以畅发其性情，而澄鲜其耳目。是州也，宫观梵刹之雄，以独乐寺称；寺之雄，以大士阁称；阁之雄，以菩萨像称。予徒倚其间日迪夫民而教以兴仁勉义，遂生复性之事，阴骘神而祷，以时和年丰民安物阜之庥。予盖未尝一念置夫民，而州之民亦相率曰："子大夫以诚求如是也，以故凡系夏秋正赋之索，民不敢私其财，学校仓廪之兴，民不吝其力，抚今思昔已十数年于兹矣，越戊戌。"予晋秩司农，奉使黄花山，路过是州，追随大学士宗伯菊潭胡公来寺少憩焉。风景不殊，而人民非故；台砌倾圮，而庙貌

---

1) 王弘祚(？～1674年)，字懋自，祖籍陕西三原县，后迁居云南永昌(今云南省保山县)。明崇祯三年(公元1630年)成举人，累迁蓟州知州，擢户部郎中。奉令在山西大同督催军饷，遇清军入关投降。顺治元年(公元1644年)授任岢岚兵备道，仍留大同为清军筹措军饷。二年，由总督李鉴推荐，清朝廷授他户部郎中。

徒存。相与徘徊悲悼，忆往事而去乃。寺僧春山游来，讯予曰："是召棠冠社之所凭也，忍以草莱委诸？"予唯唯，为之捐赀而倡首焉。一时贤士大夫欣然乐输，而州牧胡君，毅然劝助，共襄盛举。未几，其徒妙乘以成功告，且曰宝阁配殿，及天王殿山门，皆焕然聿新矣。予讶之曰："是何成功之速也？"僧曰："公恩德所被士民思慕，一闻公言，欢趋恐后。"予曰："谆人之所靳者，财与力耳，固或有唯正之供而不输，公家之役而不作，虽督责迫索，无足以悚其中者，此阁之修非有督责迫索之威也，而不日之成，如子趋父事，其故何哉？盖历千百劫而不灰者，菩萨度世之性随念圆满，触之而即动者，众生向善之诚也。寺之兴不知创于何代，而统和重葺之，钜今六七百岁矣。菩萨以广大慈悲现，种种法力性不传也。而相传菩萨之教无相，而无不相也，相其寄也，阁则寄所寄也。今人于寄所寄者踊跃欢喜，尚复如是。苟或因其外而求其内由，夫似而得其真。其鼓舞欢喜又可量乎？虽然佛之理甚深微妙不可思议，而予以显者示之出作入息，即六时课诵，也承颜聚顺，即妙相庄严也，桔槔之声盈于野，弦歌之声闻于塾，即天龙八部殊音妙乐也。兴仁勉义毋残尔，生毋伤尔性，则菩萨广大慈悲必赐以和丰康阜之福，而五教实委司徒，则由蓟而达之三辅由三辅，而达之畿甸采卫，皆勉于向善之念，享夫乐利之麻，以成圣代无疆之治，彼菩萨化千万亿身，现种种愿力，亦当作如是观矣。